—— 首次译为汉语 ——

Synchronicity An Acausal Connecting Principle

共时性

一个非因果关系的法则

[瑞士] 荣格 / 著　邓小松 / 译

华龄出版社
HUALING PRESS

责任编辑：董　巍
责任印制：李未圻

图书在版编目（CIP）数据
共时性 /（瑞士）荣格著；邓小松译. —北京：
华龄出版社，2020.1

ISBN 978-7-5169-1479-3

Ⅰ. ①共…　Ⅱ. ①瑞…　②邓…　Ⅲ. ①荣格(Jung,
Carl Gustav 1875-1961)-分析心理学　Ⅳ. ①B84-065

中国版本图书馆 CIP 数据核字(2019)第 251025 号

书　　名：共时性
作　　者：荣　格

出版发行：华龄出版社
地　　址：北京市东城区安定门外大街甲 57 号　　**邮　编：**100011
电　　话：010-58122255　　**传　真：**010-84049572

印　　刷：运河（唐山）印务有限公司
版　　次：2020 年 6 月第 1 版　　2022 年 9 月第 2 次印刷
开　　本：880 mm × 1230 mm　　1/32　　**印　张：**5.5
字　　数：92 千字
定　　价：48.00 元

前 言

《共时性》是在《金花的秘密》和《未发现的自我》之后翻译的第三部荣格的著作，时间跨越七八年。这是荣格一部非常重要的作品，触碰到了荣格本人思想及分析心理学的最核心内容，也因此内容比较深邃。在这个前言中我努力为大家对整个书的内容做一个梳理，算是一个简单的注解，以便阅读。

1951 年，荣格的共时性思想与物理学家、诺贝尔奖获得者沃尔夫·保利（Wolfang Pauli）撰写的文章《原型思想对开普勒科学理论的影响》一起公之于众。荣格创造了共时性这个术语，是他在 1930 年与汉学家卫礼贤的交往中第一次使用了这个词。

如果你留意，会发现生活中充满了各种巧合，比如你梦到了即将要发生的事件，或你在事件发生的同一时刻在另外的地点感受到了事件的发生（比较常见的是近亲的去世）。更加常见的巧合是你有时突然发现某一个场景似曾相识，好像以前经历过。我们可以对这一类巧合从心理学的角度进行总结：感觉器官无法触及的未知事件在内心以心灵图像（一定是象征性的图像，而不是叙述）的方式显现。简单地说，就是心灵事件与外部事件发生了同步。这个未知事件是在过去发生的，是现在正在发生，或将来会发生的并不重要；它是否发生在附近或世界某个偏远地区也不重要。关键是，这些内心的景象和外部事件出现了“奇怪的巧合”，我们通常视其为偶然，荣格称其为共时性。

荣格叫它们共时性，而不是同时性是因为这样的巧合不仅仅发生在时间巧合的层面，有时这种巧合也可以体现在一个物体上面。生活中的共时性现象，如果留意，非常之多。在历史上的记载也是不计其数，也有据可查。著名的大哲学家康德报道（在本书中有提到)，一个人在1759年斯德哥尔摩大火的同时在另一个很远的地方感受到了这一事件。康德感到震惊，之后向在这两个不同地点的人询问，发现所看到的场景完全符合事实。同样的情况也发生在歌德的身上，他本人看到了自己未来的一个场景，之后真的发生了。有时预知事件的过程发生在梦中，一棵倒下的树，一个无法被追赶的人，一盏熄灭的灯，都可以预示死亡，就像梦是一次对死者的告别。梦中预示的即将发生的事件不仅局限于死亡，可以是不同的事件：一个人的考试结果，一位即将偶遇的朋友，一次职业生涯的转轨，等等。生活的很多细节都反映出这种内心世界和外在事件的一致性，比如看到一个动物、落叶或景观，或任何其他事件，都可以以最精确的方式反映内部事件（一个人的内在状态）。一般来说，这样的事情（共时性事件）的发生会引起经历者一种奇迹感，有时是宁静或释放，好似在一瞬间被安全地置于生命的怀抱之中。

通常情况下，我们对共时性事件不会加以关注。即使当我们经历了非常突出典型的共时性事件之后，采取的态度都是一带而过，或简单把它们归类为巧合。那么为什么我们会这样认为呢？我们认为这样的情况纯属巧合的原因是什么呢？首先，我们占统治地位的思维模式是物理因果律，就是具体的因（看得见、摸得着）产生具体的果。这种思维模式发源于西方，在西方占统治地位很久了，也是当今世界的思维规则。即使是看不见摸不着的，也必须是在实验室条件下可验证的。对于西方人的思考，放弃因果关系原则几乎是不可能的，这一原则从笛卡尔时代开始就被视为绝对有效。在实验室中无法验证的，所谓非因果的现象，是被人们的头脑贬低或完全视而不见的。而共时性事件背后的因果是触摸不到也无法实证的（至少在量子物理之前），我们的惯性思维就会自然地屏蔽对这一类事件的感知或思考。

对传统因果模式的反对首先可以在统计学中找到。我们的数据都是来自统计，是大概率。一旦接受了自然法的统计有效性，那么从逻辑上讲，就必须考虑到统计方法中的例外情况，也就是说所有的例外都被排除在外。这种排除终结了因果关系的绝对有效性，这一现象在我们观察无限大（宇宙领域）和无限小（亚原子领域）的边界区域的过程中已经显现。荣格在心理学领域建立了相应的情境，与物理世界无限大与无限小领域相对应的是外部物理世界和内心心理世界。

看得见、摸得着的因果只是因果关系的一部分，还有很多的心灵层面的因果关系（本书中称为非因果）是我们察觉不到的。这种非因果的联系是共时性现象发生的基础。那么心灵层面的因果是如何发生的呢？其发生的根源来自于我们的潜意识。根据经验，共时性事件在情感高度集中的时候发生的频率更高，例如面临死亡、疾病、危机时。因为在这种情况下，人们通常会对强烈的事件作出反应，所以情感的集中似乎有利于共时性现象的发生。在情感或情绪堆积高峰期间，意识的门槛就降低了，潜意识及其内容占据优势，会比平时更有机会（像在梦中发生的一样）冲破意识的防护带，进入意识的视野（意识和潜意识的关系已经有很多的论述，也可以参考《未发现的自我》）。这些冲进来的内容进入显意识的范畴后就会被我们感知，当这些内容与外部事件一致时，我们感知到了这种一致性，共时性现象就发生了。这方面的例子我们经常在原始人或小孩的身上发现，就是因为他们还不像我们现代的成年人，意识已经高度发展，自以为是地觉得已经摆脱了潜意识的影响或已经完全忘记了潜意识的存在。

那么潜意识的内容为什么会有预见性呢？其内容为什么会早于我们的感知而与外部物理世界的事件相一致呢？原因是：世界的本来面目是合一的，所有的一切是一体的，包括心理和物理，外部和内部，万事万物皆为一。意识的最大的功能是分别，剥离。我们的意识就像是卫兵，时刻守护着我们的心理不受潜意识的打扰。在人类心灵最深处的潜意识背景中本来是融合在一起的东西在意识的前台被一层一层不断叠加地剥离——无极生太极，太极生两仪，两仪生四象，四象生八卦，最后到万事万物。就连意识本身，也是潜意识的产物。我们所处的是一个二元对立的世界，所有的一切都有其相对的一面，而最大也是最根本的对立是我自己和我周围的一切的对立。意识越发达这一对立的系统就越精细，我们就越依赖意识占绝对上风的思维模式，殊不知这一切对立都是意识给我们的假象。在这一过程中，时间上的永恒被划分为过去、现在和未来；空间上的无间无隙被切割为各种空间；人对世界的感知被分为心理的和物理的。在共时性现象中，随着时间、空间的相对化，内部图像和物体的再次融合，潜意识中本来统一的东西再次变得可见，并且可以被我们的感官体验到。可以被体验到就是因为他们本是一体，只不过受到意识的隔离，一部分出现在现象世界，一部分出现在心理世界，它们从来就是一回事。

共时性事件与潜意识的紧密相关解释了这些事件不可预测的本质，因为潜意识的内容是自主的，不受我们意识的摆布，它的运作我们无法干预，何时被我们的意识感知到也就无法预测了。潜意识的自主性是分析心理学最重要的发现之一。共时性的原理在物理学和心理学之间架起了一座桥梁，这是科学史上的一件大事。它把我们久已遗忘的世界的合一再次带进我们的视野，对当今充满各种对立的世界是有终极意义的好消息。这一原则不仅对科学与心理学有重大意义，同时对人的世界观也是意义重大。

以上便是本书的基本逻辑和中心思想，读这本书之前看或读完之后看都可以。

目　录

第一章　阐　述

正如我们所知，现代物理学的发现，给我们这个世界的科学图景带来了一个重大变化，因为这些发现打破了自然律的绝对的有效性，使得它变得相对化。自然律其实是统计的真理，这意味着，只有当涉及宏观物理量时，自然律才是完全有效的。在很小量领域，预测变得不确定，假如不是不可能的话，这是因为对于很小量而言，已知的自然律已不再发挥作用。

凸显自然律概念的哲学原理就是因果律。但是，如果原因和结果之间的联系，原来只是在统计学方面有效，而且也只是相对的真实，那么因果原理对于解释自然过程，就只具有相对价值，因此需要假定对于解释有一个或多个其他因素的存在。这就等于是说，事件之间的关联，在某些情形下，可能不是因果关系，因此需要另一套解释原则。①

在宏观物理世界寻找非因果关系的事件，我们自然会一无所获，原因很简单：我们想象不出没有因果关联的事件，且能给出

① 除了几率的规律或者对其的补充。——译注

一个非因果的解释。但这并不意味着此类事件不存在。它们的存在——或至少说它们的可能性——从逻辑上遵循统计真理的前提。

当今的科学试验方法，旨在建立可重复的规则性事件。因此，独特或罕见的事件，被排除在了描述之外。此外，所有科学试验还对自然本身施加了限制条件，因为试验的目的，是强迫自然对人设计的问题给出答案。因此，每一个自然的回答，都或多或少地受到所提问题的类型的影响，而结果总是一个混合产品。基于这一理论的所谓“科学的世界观”，也只不过是一个有着心理偏见的片面观点，它遗漏了从统计学上无法捕捉到的所有那些绝非无关紧要的层面。但真要领会这些独特或罕见的事件，我们似乎要依靠同样“独特”且个别的描述。这会导致出现一种混乱的珍品收藏，就像那些自然历史展柜，人们看到紧紧挨在一起的瓶子中的化石，解剖了的怪兽、独角兽的角、曼陀罗草、侏儒和美人鱼干。描述性科学，尤其是最广泛意义上的生物学，对于这些“独特的”样本都很熟悉，对它们而言，只需要一个生物体范例就可以证明其存在，不论这一生物体看似多么的令人难以置信。无论如何，许多观察者根据自己的眼睛，都能说服自己相信这样一个物种的确存在。但我们现在所涉及的是，除了人们心中零碎的记忆之外，身后没有为我们留下任何明显痕迹的短暂事件。如此，单一的见证者已不足采信。同样的，若干项证据，也不足以使得某一独特的事件显得绝对的可信。我们只需想一下臭名昭著的亲历者证言的不可靠性。在这种情况下，我们就面对这样的必要性，即：查明看似独特的事件在我们所记录的体验中是否真的独特，抑或是相同或类似的事件在其他地方无法找到。在这方面，一致同意（*Consensus Omnium*）或公理，在心理上发挥着一个非常重要的作用，尽管就实际经验而言，这有点令人怀疑，因为只有在特殊或例外情形下，公理才证明在建立事实方面有其价值。尽管经验主义者不会对其弃之不用，但不对其形成依赖的话，会做得更好。我们要么无法否认要么无法证明绝对的独特或短暂的事件的存在，它们永远不会成为实证科学的主题；但只要有足够数量的可信赖的个别观察，罕见的事件就很有可能。无论什么，这类事件的所谓的可能性并不重要，因为在任何时代，什么是可能的标准源于该时代的理性主义的假设。人们诉诸其权威为个人的偏见寻求支持，这样“绝对”的自然律并不存在。可以要求的至多是个别观察的数量要尽可能地多。如果从统计学方面考虑，如这一数字介于偶然限定内，那么就从统计学角度证明这是一个偶然。但没有任何对偶然发生的解释，仅仅有一个例外。比如，在联想试验中，当表示某个情节的征兆的数量少于所预期的干扰数量时，假定此情节不存在，就毫无理由。但这并没有阻止干扰反应早期被认定为是纯属巧合。①

尤其在生物学方面，尽管我们进入一个因果律非常地不令人满意的领域——但这里我们所关注的，不是生物学问题，而是这样一个问题，即：是否可能存在，非因果事件不仅可能而且被认为是事实的，这样一些领域。

现在，在我们的存在中，有一个无限宽广的领域，其宽广度可以说是对因果关系的自动抵消。这就是偶然的世界，偶发或随机事件。从因果关系上，它们看似与同时发生的事件毫无关联。因此，我们将不得不对偶然的性质以及偶然这一整个概念给予更细致的研究。偶然，我们说，很明显必须容许一些因果性解释，而且之所以仅仅被称为“偶然”或“巧合”，是因为其因果关系还没有被发现。因为我们对因果律的绝对有效性有着根深蒂固的信念，因此我们认定，把这类事件解释为偶然很适当。但是，如果因果原理只是相对有效，那么我们就可由此断定，即使在绝大多数情况下，一个很显然的偶然系列可以从因果角度进行解释，但

① 参见荣格关于字词联想研究。——译注

也必定仍然存在着不显示任何因果联系的大量实例。因此我们就面对以下任务，即：筛选偶然事件，并把非因果事件和因果事件分离开来。按理说，有因果解释的事件的数量要远超过疑似无因果关系的事件的数量。由于这一原因，表面或有偏见的观察者可能会很容易地忽视相对罕见的非因果现象。我们处理偶然性这个问题，就被迫需要获得对问题所涉事件的一份统计学评估。

没有一套区分的标准，要想筛选出统计材料是不可能的。我们怎么才能识别出非因果事件的组合？因为对所有偶发事件进行因果关系的调查，显然是不可能的。对于这个问题的答案是，如果仔细思考的话，非因果事件最有可能发生在因果关联看似难以想象的情形中。作为一个例子，我将引用“病例的重复”① 这一事实。这是每一位医生都很熟知的一种现象。偶尔会有一个三倍甚至更多，以至于卡默勒（Kammerer）② 会谈到“系列律”（law of series）这一概念。针对这一现象，卡默勒给出了许多很好的例子。这些例子的绝大部分因果关联的概率很少，甚至不存在。比如，当我面对以下事实：我的无轨电车的车票和我此后立刻购买的戏票的号码一样；而同一天晚上，我接到一个电话，电话中同样的

① 这是任何医院都经常发生的现象。——译注

② Paul Kammerer，关于系列律（德文：Das Gesetz der Serie）。

号码作为一个电话号码再次被提到。于是这些事件之间的因果关联，对我而言就极不可能，尽管很显然，事件中的每一件一定有其各自的因果关系。另一方面，我知道，偶发事件有一种落入非定期发生的趋势——一定如此，因为否则就会只有周期或定期安排的事件，如此的话，从定义上就排除了偶然性。

卡默勒认为，尽管“顺串”① 或一连串的偶然事件，并不共同受普通原因（common cause）运作的支配，即非因果关系，但它们仍然是惯性的表达——是持续性的属性。② 卡默勒把“同一事件并排运行”的同时性（simultaneity）解释为模仿。这里，他自相矛盾，因为偶然性的运作，并没有被“移除可解释的领域之外”，却正如我们所期望的，被包括在其领域之内，且可被至少解释为若干个原因，如果不是一个共同原因的话。他的有关系列化、模仿、吸引力以及惯性，还是属于因果构思的世界观，且只不过是在告诉我们，偶然性的运作与统计和数学概率③相对应。卡默勒的事实

---

① Paul Kammerer，关于系列律（德文：Das Gesetz der Serie），第 130 页。

② “系列的规律是在其重复（即，产生该系列）中涉及的物体的惰性的一种表示。一系列的物体和力的大得多的惰性（相较于一个单一的物体和力的惰性），解释了在很长一段时间一个完全相同的星座的存留以及与之关联的重复的出现。”（117 页）

③ 因此，“概率”一词指的是一个随机假说上的可能性（零假设）。这也是该词在本论文中最常用的一种意思。——译注

材料，除了偶然性的运作外，别无其他，其唯一的“规律”就是概率；换言之，他为何会在其背后寻找任何其他的解释，并没有任何明显的理由。但为了一些说不清的原因，他的确在它们的背后寻找比概率更多的一些东西——寻找的是连续性定律（law of seriality），他将其作为与因果律共存的原理介绍给我们。就像我所说过的，这一趋势，不能由他的材料得到合理的证明。我只能假设，对事件的非因果安排和组合，卡默勒有着一个模糊的直觉，这是他自相矛盾的原因。可能是因为，像所有深思熟虑和具有敏锐天性的人一样，他逃脱不出偶然性运作通常给我们留下的独特印象；因此，依照自己已经具备的科学倾向，在概率极限内的经验材料的基础上，他采取了假定一个非因果关系连续性的大胆假定。遗憾的是，他没有尝试连续性的定量评估。这样的举措，无疑会带来很难回答的那些问题。个案研究为总体定位的目的起了相当的作用，但在处理偶然性方面，只有定量评估或统计方法才会有真正的结果。

至少对于我们现在的思维方式而言，偶然性组合或系列似乎毫无意义，而且一般说来，看似是概率的。然而有些事件，其“偶然性”看似值得怀疑。这样的例子很多，我只举一例。我留意到 1949 年 4 月 1 日发生的下面的事情：今天星期五。午餐吃鱼。

恰巧有人提到“四月的鱼”这一愚人节的习俗。同一天的早晨，我做了一个题词内容如下的留言，“人从底部到中间全是鱼”（Est homo totus medius *piscis* ab imo）（拉丁语）。下午，我数月未曾见过面的以前的一位病人，给我看了她当时画的一些令人印象非常深刻的鱼的画作。晚上，有人给我看了一幅刺绣，上面绣着像鱼一样的海怪。4 月 2 日的早晨，我已经好几年未曾见面的另一位病人，给我讲了她做过的一个梦，梦中她站在湖边，看到了直接向她游来并落在她脚前的一条大鱼。这一时期，我正在从事历史上鱼的符号的研究。这里提到的人中，只有一位了解我的这个研究。

怀疑这一定是一个有意义的巧合，也就是一个非因果的关联是很自然的。我必须承认，这一系列的事件，给我留下了很深的印象。这似乎对我有一定的超自然的意义。① 在这样的情形下，我们倾向于说：“这不可能仅仅是偶然。”卡默勒无疑应该提醒我他的“连续性”。但是，针对所有这些鱼的偶然的巧合，印象的惯性证明不了什么。无可否认，鱼这一主题，在二十四小时内重现了

① 一系列的偶然事件的神圣性，与该术语的（使用）数量成比例地增长。无意识的——很可能原型的——内容因此是星座化的，从而产生该系列是由这些内容“引起的”这样一种印象。由于不诉诸明确的魔术范畴，我们无法想象这怎么可能，因此我们一般会在这样赤裸的印象下让其放任自流。

不下六次，这非常奇怪。但人们必须记住，鱼在周五是很平常的事儿，而4 月1 日人们则很容易地想到愚人节。当时，我在从事有关鱼的象征的研究已经有数月之久。作为潜意识内容的象征，鱼频繁地出现。所以，我们只能把这些看做是一组巧合。在这种情况下，由很普通的事件组成的连贯事件或系列，解释不了这种现象。① 这些巧合不论其范围有多广，它们必须被排除在非因果关联之外。因此，一般认为，所有的巧合都是幸运的命中，而无需非因果关系的解释。② 这一假设，只要缺乏证据，即，证明它们的发生超过了概率的界限，就可以而且必须被认定是真实的。然而，如果有这样的证据，就同时证明了存在着真正的非因果组合的事

① 作为对我以上所言的补充，我想提一下，我是坐在湖边写下这些文字的。正当我写完这句话时，我走向了海堤，那里就躺着一条死鱼，大约一英尺长，显然没受伤。前天晚上，那儿根本没有鱼。(假定是被一只猛禽或者猫拉出了水面)。这条鱼是这个系列中的第七条。

② 当我们就 Stekel 所称的关于“名字的强制力”这一现象做决定时，会发现自己处于某种进退两难的境地。他这句话的意思是，在一个人的名字与他的特质或职业之间有时很奇怪的巧合。比如，Herr Gross（Grand 先生）遭受着夸大妄想的困扰；Herr Kleiner（Small 先生）有自卑感。Altmann 姐妹们跟比自己大二十岁的男人结婚。Herr Feist（Stout 先生）是食物部长；Herr Rosstauscher（Horsetrader 先生）是律师；Herr Kalberer（Calver 先生）是一位产科医生；Herr Freud（Joy）是快乐原则的拥护者；Herr Adler（eagle）是权力意志的象征；Herr Jung（young）是重生的概念，等等。这些都是偶然的异想天开，还是如 Stekel 似乎在提示名字的暗示效应，还是说它们是“有意义的巧合”？（“Die Verpflichtung des Namens”，110 页起）。

件，而解释这样的事件，我们就不得不假定一个与因果关系不可通约的因素。如此的话，我们就不得不假设，一方面，作为因果链，事件通常是彼此相关的；而另一方面，这种相关性，是一种有意义的交叉关联（*meaningful crossconnection*）所致。

在此，我想指出德国哲学家叔本华的一篇论文，《关于个人命运的外显设计》（*On the Apparent Design in the Fate of the Individual*）[①]，它是在这里我正在确定的观点的教父。这篇论文涉及的是“无因果关联的同时性”，我们称之为“偶然”[②]。叔本华以一套地理模拟，阐述了这种同时性，其中被想象为因果链的平行线，代表着子午线之间的交叉关联。[③]

因此，一个人生命中的所有事件，都处于两种完全不同的关联中：首先，在客观层面，是自然过程的因果关联；其次，是主观层面，这种关联只相对于经验到它的个体而存在。而且，它就如同自己的梦一样主观。两种关联同时存在[④]，且事件完全相同。尽管是两个完全不同链条上的链接，然而在两个层面却恰到好处。

---

① Parerga und Paralipomena，卷 I，von Koeber 编辑［参照 David Irvine 的翻译，提供了方便使用的参考资料，本文没有引用］。

② 同上，40 页。［Irvine，41 页］。

③ 同上，39 页。［Irvine，39 页起］。

④ 两种关联，客观和主观。——译注

这样的一个个体的命运，无不适应另一个个体的命运。而且，每一个个体，都是自己的人生戏剧中的英雄，同时又在另一部陌生的戏剧中担当角色——这超出了我们的理解能力，而且只有凭借最精彩的命中注定的和谐，才成为可能。

在叔本华看来，“伟大生活之梦的主角……只有一个”，超越一切的世俗的意志，第一因（*prima causa*）。所有的因果链，都像来自极点的子午线一样，从它辐射出来。而且，由于循环的平行线，它们以一种同时性的有意义的关系，彼此站在一起。[①] 叔本华相信自然过程的绝对的决定论，还相信一个第一因。没有什么东西担保两者中的任一种假设。第一因，是哲学上的一个基本的神话题材，只有当它同时以一和多这个古老悖论的形式出现的时候才可信。因果链或子午线中的同时点，代表有意义的巧合。这一概念，只有当第一因真的是合一时，才合情合理。但如果它不是合一的，那么叔本华的全部解释就会土崩瓦解，更何况我们只是最近才意识到这个事实，即自然律只具有一个统计学上的有效性，因此就向非决定论（自由意志论）敞开了大门。哲学的反思和经验，都不能为这两种关联的定期发生提供任何证据。期间，同一事情，

① 因此，我的术语“同时性”。

既是主体又是客体。在叔本华写作和思考的年代，因果关系作为一个先验的范畴而具有主权支配地位并因此被生拉硬拽来解释有意义的巧合。但是，正如我们所看到的，只有当我们求助于第一因，而且第一因是“一”时，才有某种程度的可能性可以这样做。如是，我们就可以断定，作为一种必然，一个维度上每一个点，都跟同维度上的每一个其他的点，处于有意义的巧合这样一种关系中。然而，这一结论，远远超出了从经验主义角度看什么才是可能的界限，因为它把有意义的巧合，归因于如此定期且系统性地发生，以至于对它们的核实，要么不必要，要么成了世上最简单的事情。叔本华的例证，有着与所有其他的例证几乎同样多或同样少的说服力。尽管如此，他看到了问题，而且明白这里没有轻易的解释。为此他值得称赞。鉴于这个问题关系到我们的认识论的基础，他以一个符合其一贯哲学趋势的一个超越尘俗世界的前提而得出结论，是超世的意志创造了所有层次的生命。它调节每一级别，使同步平行的层次之间相互和谐，且以命运或天意的形式准备和安排未来事件的方式。

与叔本华独有的悲观主义相反的是，他的这种表达有一种乐观的基调。这一基调在当今社会已经不受欢迎。世界所曾经历的最问题多多、且意义重大的世纪之一，把我们与那个哲学思维头脑相信即使从经验上远不能证明亦可断言的，具有中世纪特征的时代分离开来。那是一个大视域的时代，一个没有喊停且认为科学的筑路者暂停之地即达至自然极限的时代。如此，叔本华，凭借其真正的哲学视野，开启了一个反思的领域，对其奇特的现象学，他还不具备理解的能力，尽管他或多或少正确地对其进行了概述。他认识到，凭借其所有（omina）和预示（praesagia），解释命运的各种方法都有一个共同的特征，而他力图借助于“超世的猜测”去发现这一特征。同样的，他也认识到这是一个第一秩序的问题，而不像他之前或之后所有靠某种能量传递的空洞概念进行运作或为了避免一个特别困难的任务而把整个事情视为无稽之谈的那些人。① 叔本华的尝试更为引人注目的原因在于，这种尝试，是在自然科学的巨大进步已经使得每个人都相信因果关系单独就可以被看做是最终的解释原则时做出的。他不仅没有忽视拒绝向因果关系的主权地位低头的所有那些经验，正如我们所看到的，他还尝试将其植入其决定论的世界观中。这样做时，他使作为一套宇宙秩序与因果秩序共存，而且始终构成人类解释自然的基础的诸如预想、对应、前定和谐等的概念进入因果结构中。这

① 这里，我必须把康德视为例外。其专著 *Dreams of a Spirit-Seer, Illustrated by Dream of Metaphysics* 为叔本华指明了方向。

或许是因为他感到，基于自然律的科学的世界观，尽管他不曾怀疑其有效性，仍然缺乏在古典和中世纪的观点中起相当大作用的一些东西（亦如其在现代人的直觉中所发挥的作用）。

由格尼（Gurney）、迈尔斯（Myers）以及波德莫尔（Podmore）① 所收集的大量事实，启发了其他三位研究人员——Dariex，Richet 和 Flammarion②——从概率微积分的角度解决问题。Dariex 发现了一个针对死亡的心灵感应的预知能力的 1∶4114545 的概率，这意味着，解释这样一个警告是由于"巧合"比将其解释为"心灵感应术"或非因果关系的有意义的巧合更不可能。针对一个经过特别细心观察的"生命的幻影"③ 的实例，天文学家弗拉马里翁测算了一个不少于 1∶804622222 的概率。他也是把其他的可疑事件与大众对与死亡相关的现象的兴趣联系在一起的第一人。因此，他叙述说④，在写他有关大气的一本书时，当时他正在着笔于风力这一章节，突然的一股风，把他放在桌上的所有的纸张都吹到了窗外。他还想起，作为一个三重巧合的例子，有启迪意义的

① Edmund Gurney，Frederic W. H. Myers，及 Frank Podmore，Phantasms of the Living.

② *Camille Flammarion*，*The Unknown*，191 页起。

③ 同上，202 页。

④ 同上，192 页起。

Monsieur de Fortgibu 和李子布丁的故事。[1] 既然他提到与心灵感应术问题有关的这些巧合，这一事实表明，弗拉马里翁对一套更全面的原则有着独特的直觉，尽管这种直觉是潜意识的。

作家威廉·冯·朔尔茨（Wilhelm von Scholz）[2] 收集了很多显示丢失或被盗物品以奇特的方式回归失主的故事。除了别的故事以外，他还讲述了一位妈妈在黑森林里给自己的小儿子照相的故事。她把底片留在斯特拉斯堡进行冲洗。但由于战争的爆发，这位母亲不能去领取照片，于是放弃了认领，认为照片已经丢失了。可是 1916 年，她在法兰克福买了一盒胶卷，以便为自己当时已经出生的女儿照相。胶片冲洗以后，她发现底片曾被曝光过两次：下面的照片竟然是她 1914 年给自己的小儿子拍的照片！原来，老胶片并没有被冲洗，但不知何故，最终却又在新的胶卷

---

① *Camille Flammarion*, *The Unknown*，194 页起。有个叫 M. Deschamps 的人，小的时候在法国城市奥尔良，别人给了他一个由 M. de Fortgibu 做的李子布丁。十年后，在一家巴黎餐馆，他又发现了李子布丁，于是问店主，他是否可以要一块。然而，他想要的布丁已经由一位名叫 M. de Fortgibu 的客人预定。很多年以后，M. Deschamps 应邀参加作为一件特殊珍品的李子布丁的分享活动。吃的时候，他评论说，唯一缺少的就是 M. de Fortgibu 先生。可正在此时，门开了，一位处于生命最后阶段的糊涂老者蹒跚而入：M. de Fortgibu，拿了错的地址，误闯误入这家的聚会。

② Der Zuall：Eine Vorform des Schicksals.

中得以流转。于是，作家得出了一个可以理解的结论，即：一切事物都指向“相关对象相互吸引”，或一种“选择性亲和”。他怀疑，这些事件的安排，仿佛是一个“更宏大或更完全的，不可知意识”之梦。

赫伯特·西尔柏（Herbert Silberer）从心理学角度探讨了巧合的问题。他的研究表明，很显然，有意义的巧合，部分的是由于潜意识的安排，部分的是潜意识且任意的解释。他既没有考虑灵学现象，也没有考虑共时性问题，而且从理论上讲，他也没有超出叔本华的因果规律多远。除了对我们评估巧合的方法的心理批判之外，西尔柏的研究对这里我们所理解的有意义的巧合的发生没什么参考价值。

针对非因果关系的事件组合的存在，有足够科学保障的决定性的证据，只是到最近才提供出来，这主要是通过J.B.莱茵（J.B. Rhine）及其同事的试验①，然而他们并没有意识到可以从其研究

① J.B.Rhine, *Extra-Sensory Perception and New Frontiers of the Mind*. J. G. Pratt, J.B. Rhine, C. E. Stuart, B.M. Smith, and J. A. Greenwood, *Extra-Sensory Perception after Sixty Years*. 莱茵试验结果的综合评述。The Reach of the Mind，同时还可参考 G.N.M. Tyrrell 所著的名为 *The Personality of Man* 的一本极珍贵的书。莱茵的简短简历。“An Introduction to the Work of Extra-Sensory Perception”. S.G. Soal and F. Bateman, Modern Experiments in Telepathy.

成果中得出的具有深远意义的结论。到目前为止，还没有人提出反对这些试验的任何无可辩驳的关键性的论据。试验者把有着简单几何图案的一系列编号的卡片，一张接一张地翻开。与此同时，被测对象与试验者由一个屏幕隔开，而被测对象的任务是猜出被翻开的卡片的符号。试验中，共使用了二十五张卡片，每五张卡片符号相同。具体情况是，五张卡片上标的是一个星星；五张上标的是一个正方形；五张上标的是一个圆；五张上标的是波形线；还有五张上标的是一个十字。试验者自然不知道这摞卡片的顺序安排，而且被测对象也没有能看到这些卡片的任何机会。试验中，很多是否定性试验，因为试验结果没有超出五次机会命中的概率（probability of five chance hits）。至于某些被测对象的情况，部分结果明显地高于概率。系列实验是每一个被测对象都尝试猜卡片 800 次。其平均结果显示：25 个卡片中，有 6.5 个猜中，比 5 中机会概率高出 1.5。作为偏离数字，5 有 1.5 的一个机会偏差，得出的概率是 1∶250000。这一比例表明，机会偏差的概率未必就高，因为在 250000 种情形中，理论预期只有一次。其结果也因个体被测对象的天赋的不同而不同。有一个年轻人，在无数次的试验中，其平均猜中率达到每 25 个卡片猜中 10 个（是可能数字的两倍），有一次甚至是 25 个卡片全猜全中，使得其概率达到 1∶

298023223876953125。一个独立于试验者的自动洗牌的装置防止了洗牌被人为干扰的可能性。

首要的系列试验之后，试验者和被测对象之间的空间距离被扩大，有一次，这个空间距离甚至扩大到250英里。在无数次的试验之后，其平均结果达到了每25张卡片猜中率为10.1张。在另一系列的试验中，当试验者和被测对象身处同一个房间内时，其结果是25张卡片猜中率为11.4张；当被测对象身处隔壁时，其结果是25张猜中9.7张；当二者被隔开两个房间的距离时，其结果是25张猜中12.0张。莱茵提到厄舍(F.L.Usher)和伯特(E.L.Burt)的试验，试验是在960英里①的距离进行的，而且还有同步定时器的帮助，试验还在北卡罗来纳州的达勒姆和南斯拉夫的萨格勒布之间大约4000英里的距离内进行，同样也取得积极的结果。②

原则上，距离对结果没有影响。这一事实表明，问题的所在，不能是一种力或者能量的现象，否则，试验要克服的距离以及在空间的扩散，将会导致效果的降低，其结果会使得分与距离的乘方成比例地下降。由于情况并非如此，所以我们别无选择，只能假定距离是一个心灵的变量，而且在某种情形下，可能会被心理

① *The Reach of the Mind*（1954年编辑），48页。

② Rhine，and Betty M. Humphrey，“*A Transoceanic ESP Experiment*”。

力量降至零点。

更值得注意的是以下事实，即：原则上讲，时间也不是一个限制因素；也就是说，对未来即将翻开的一系列的卡片的观察，会产生一个超出机会概率的分数。莱茵的时间试验的结果，显示出了一个 1：400000 的概率，这意味着，这里有相当大的独立于时间的一些因素。换言之，它们指向了时间的一个心灵相对性，因为试验涉及的是对还未曾发生的事件的感知。在这些情形下，时间因素，好像已被同样能够废止空间因素的一种心理功能或心理条件所消除。在空间试验中，如果我们被迫承认，能量不会随距离而减少，那么时间的试验就使得我们甚至完全不可能去想，在感知和未来事件之间存在着任何的能量关系。我们必须从一开始就放弃从能量角度出发的所有解释，这就相当于说，这里的事件，不能从因果关系的视角加以考虑，因为因果关系是以空间和时间的存在为先决条件的。

在莱茵的试验中，我们还必须提到掷骰子的试验。被测对象的任务是掷骰子（由一种装置来完成），与此同时，他还必须期望某数字（比如说 3）要尽可能多次地出现。这一所谓 PK（psycho-kinetic：灵力、念力或念动）试验的结果是乐观的，而越是如此，一次使用的骰子的数量就越多。[①] 如果证明空间和时间具有心灵上的相对性，那么移动的物体就必须拥有或从属于与此相应的相对性。

在所有的这些试验中，发现一个始终如一的事实，即：所得的猜中得分，都是在第一次尝试之后回落，然后结果就变为负得分。但是，如果出于一些内在的或外在的原因，被测对象的兴趣有所增强，那么得分就会再度提升。缺乏兴趣和厌倦，是不利因素；热情、正向期待、希望以及相信超感官直觉（ESP），都能取得好成绩，而且似乎是决定究竟有无任何结果的真正条件。在这一点上，提一下大名鼎鼎的英国通灵人士艾琳·加勒特（Eileen J. Garrett）女士。在莱茵的试验中，艾琳女士的试验结果很糟糕，因为，正如她自己所承认的，她未能唤起对这些“无灵”测试卡的任何兴趣。

这几个暗示，对于让读者获得对这些试验的一个至少肤浅的看法或许已经足够。在上面所提到的灵学研究会已故会长蒂勒尔（G.N.M.Tyrrell）的一本书里，包含了对这一领域所有经验的一个很好的总结。书的作者本人，为超感官直觉（ESP）提供了很棒的

---

① *The Reach of the Mind*，75 页起。

说明。从物理学家这一层面来看，罗伯特·马克奈尔（Robert A. McConnell）已经在一篇题为《超感官直觉——事实还是幻想》的文章中，从积极的意义上，对超感官直觉（ESP）试验进行了评估。①

正如预期的那样，每种可以设想到的尝试，已经被用来否定好像近似于奇迹般的、坦白地说不可能的这些结果。但所有的这类尝试，都在事实面前受挫，而这些事实迄今为止拒绝被否定。莱茵的试验，让我们面对这样一个事实，即：在试验层面，存在着彼此相关的事件，在这种情况下，是在有意义的层面彼此相关，而没有证明这是一个因果关系的任何的可能性，因为“传导”没有展示任何已知的能量属性。因此，有很好的理由怀疑这到底是不是一个传导的问题。时间的试验，原则上排除了任何此类的事情，这是因为假定还不曾存在而只在未来发生的一种情境，把它作为能源的一种现象把自己传导给现在的一位接收者，这是很荒谬的。② 似乎更有可能的是，科学的解释将不得不开始于，一方面对我们的时空观念的批判，另一方面对潜意识的研究。如我所述，

---

① 包利教授亲切地提醒我注意 1949 年出现的这篇论文。

② Kammerer 也并非完全令人信服地涉及“countereffect of the succeeding state on the preceding one”这个问题（参见 Das Gesetz der Serie，131 页起）。

凭借我们目前的资源，作为能量的一种现象，我们是不可能解释超感官直觉（ESP）或者有意义的巧合的事实的。这也就终结了因果解释，因为“结果”不能被理解为除了作为能量的一种现象以外的任何东西。因此，这不能是一个因果关系的问题，而是一个适时一起坠落（falling together in time）的问题，一种同时性的问题。因为同时性（simultaneity）的这一特性，我选中了“共时性”（synchronicity）这个词，来指定跟因果律同等级的一个假设的因素作为解释的原则。在我的一篇题为《心灵的本质》（*On the Nature of the Psyche*）的论文中，我把共时性看做是以心灵为条件的时空相对性。莱茵的试验表明，相对于心灵，空间和时间可以说是“有弹性的”，而且显然几乎可以被还原到零点，仿佛它们取决于心灵的条件，而且本身并不存在，只是被意识心智所“假定”。在人们原始的世界观中，亦如我们在原始人中所看到的，空间和时间的存在很不确定。它们只是在人类心智发展的过程中，才能成为“固定”的观念，这在很大程度上要归功于测量的引入。就其自身而言，空间和时间没有任何的构成要素。它们是实体化的概念，源于意识心智的识别性的活动，这些概念是用以描述行动中的物体的行为不可或缺的坐标。因此，本质上就起源而言，它们是属于精神的，这可能是促使康德把它们看做先天（a priori）范畴的原因。但是，如果空间和时间明显的只是运动中的物体的属性，而且由观察者因理智的需要而创造，那么它们被心灵条件相对化，就不再是一个惊讶的问题，而是被带入概率的范围。这个概率，在心灵观察自我而不是外部物体时会呈现自己。这也正是在莱茵的试验中所发生的：被测对象的回答，并不是他所观察的实体卡片的结果，而是他的纯粹幻想的产物，所幻想的“巧合”概念的产物。这些概念，揭示了生成它们的主体的结构，也就是潜意识。这里，我只指出，原型作为潜意识的心灵中的决定性因素构成了集体潜意识的结构。后者代表了在所有个体中都同等的心智。它不能被直接感知或“代表”，与可感知的心灵现象形成对照的，并由于其“不可被代表的”性质，我称之为“类精神”（psychoid）。

原型负责潜意识的心灵过程的组织：它们是“行为的模式”。同时，它们具有“某种能量”，并产生超自然的效果，通过情绪表达自己。情绪反应产生局部的智力水平降低（abaissement du niveau mental）（法语），因为尽管它将某一特定的内容从潜意识中提升到超乎寻常的曝光度，但它是通过从显意识的其他可能的内容中提取如此多的能量以至于意识变暗并最终成为潜意识才得以实现的。这时由于持续的情绪反应所产生的显意识的限制，出现了一个相应的显意识的降低，这一降低，反过来赋予潜意识一个机会，可以进入降低后的显意识中。因此，我们会定期地发现，出乎意料的或者被限制的潜意识的内容闯入，并在情绪反应中表现出来。这样的内容，常常是非常低级或者原始的，并因此泄露它们自己的原型起源。如我将进一步表明的，同时性或者共时性的某些现象，好像是跟原型绑定在一起的。这是我在此提及原型的原因。

动物非凡的空间定向，也指明了时空的心灵相对性。比如，在这一点上，我们可以提一提矶沙蚕（波娄拉虫）令人困惑的时间定向性。它们尾部具有着性功能，总是在十月和十一月[①]的下弦月的前一天出现在海面上。原因之一，就是由于在这一时间因月球的万有引力而产生的地球加速度。但是，根据天文学方面的研究，这个解释不可能是正确的。[②] 在人类生理周期和月球轨道之间明确无误地存在着的关系，与后者只是以数字的形式相关联，并不是真正地与之巧合。也无法证明，这种关联曾经存在过。

---

① 更准确地说，矶沙蚕（波娄拉虫）的聚集开始在这一天的稍早和稍晚，但当天的聚集是高潮。由于地方的不同，月份也有所不同。印度尼西亚安汶岛的这种矶沙蚕，据说在三月的满月天出现。（A.F. Kramer, Uber den Bau der Korallenriffe.）

② Fritz Dahns,“Das Schwarmen des Palolo.”

共时性的问题，自我二十多岁①开始研究集体潜意识的现象时起，就一直困扰着我，我不断遇到这种现象，但就是无法解释是机会组合还是“顺串”的关系。我所发现的是“偶然巧合”，这种巧合如此有意义地关联在一起，以至于其纯粹是“巧合”的发生实在是不大可能。我要提一下我自己观察到的一件小事儿。正在接受我治疗的一位年轻妇女，在治疗过程中的某个关键时刻做了一个梦，梦中有人给了她一个圣甲虫。她在给我讲这个梦的时候，我正坐在椅子上，背靠着关闭的窗户。突然，我听到我背后有一个噪声，好像轻轻的一拍。我转过身，看到一个飞虫正从窗外撞击着窗户玻璃。我打开窗户，在这个小家伙飞进来的同时，在空中抓住了它。一个金龟子科甲壳虫，在我们生活的纬度，这是最最接近病人梦中梦到的圣甲虫的物种。与其通常的习惯相反，它在这一特殊时刻，明显地感到了闯入一个黑屋子的冲动。我必须

① 即使在那时之前，关于因果原理在心理学上无限制的适用性，也已经在我心中引起了某些疑惑。在 Collected Papers on Analytical Psychology 第一版的前言中，我们已经写到（ix 页）：“因果律只是一个原理，而心理学，从本质上讲，不能只有因果分析法，因为心智［=心灵］也靠目标而活。”心灵终结，依赖于一个“先存”的意义，只有当它是一个无意识的安排时，它才会成为问题。在那种情况下，我们就不得不假设一种先于所有意识的“知识”。Hans Driesch 得出了同样的结论。（Die“Seele”als elementarer Naturfaktor，80 页起。）

承认，像这样的事儿，此前或自那以后，在我身上从未发生过，而且这位病人的梦在我的经验中一直是独一无二的。[①]

我想提一下另一个例子，这是某些类型事件的一个典型例子。我的一个五十岁左右的男病人的妻子，在一次交谈中跟我说，在她妈妈和外婆去世的时候，有很多的鸟儿聚集在了死人房间的窗外。从其他人那里，我也听到过类似的故事。当对她丈夫的治疗接近尾声时，他的神经衰弱症已经得到治愈，他却又被发现出现了一些症状，在我看来，属于心脏病，但很显然没什么大碍。我把他紧急送到了一位专家那里。经过检查之后，这位专家通过信件告诉我说，他没有找到令人焦虑的任何理由。然而，就在从诊所返回的路上（手里还拿着医生的检查报告书），我的这位病人却倒在了路上。在他被送回家等死的当儿，他的妻子已经处在巨大的焦虑中，因为就在她丈夫去看医生后不久，一大群的鸟儿飞落到他们的屋前。这位妇女自然地记起了她自己的亲属死亡时所发生的类似的事件，而且害怕更糟的事儿会发生。

尽管我个人认识故事中所提到的人，而且也非常了解这里所报告的事是真实无误的，但我一刻也不会想到这可以让已决定把

① 这个案例在下文中有很详尽的讨论。——译注

此类事情看做纯粹“巧合”的任何人会改变自己的看法。我提到这两件事情的唯一目的，就是给出一些提示，有意义的巧合是如何在实际生活中呈现自己的。鉴于目标物的近似身份（圣甲虫和甲壳虫），在第一个例子中，有意义的关联是足够明显的；但在第二个例子中，死亡和鸟儿集群彼此看似是不能比较的。然而，如果我们想到，在巴比伦，灵魂都穿着“羽毛外套”，在古埃及，*ba* 或者灵魂，被认为是一只鸟儿①，那么，假定可能有些原始的象征在起作用，也不应该被认为是太过牵强附会。如果这样的一个事情是在梦中发生的，比较心理材料的解释就合情合理。对于第一个例子，看似也有一个原型的基础。这是一个格外难以治疗的病例，直到谈论梦的那一刻，我对她的治疗很少甚至没有取得任何进展。我应该解释一下，这主要是因为我的病人的阿尼玛思②，深深地渗透在笛卡尔的哲学中，并且如此牢牢地扎根在病人自己对现实的想法中，以至于三个医生的努力——我是第三个——都未能弱化它。很显然，需要采取一些极为非理性的做法，但这却超

① 在《荷马史诗》中，亡者的灵魂“像鸟儿一样鸣叫（twitter）”。见《奥德赛》，卷 11。——译注

② 荣格心理学中主要原型之一，简单来说，指女性心理中男性的一面。与之相应对的是阿尼玛，男性心理女性的一面。——译注

出了我的能力之外。但仅此一个梦，就足以干扰我的病人的理性主义态度。当在现实中“圣甲虫”通过窗户飞进来，她自己自然的生命力就会冲破她持有的敌意的铠甲，而转变的过程也能最终开始了。态度的任何实质性的改变，预示着一个心灵的更新，而这种更新，通常伴随着在病人的梦境和幻觉中出现的重生的符号。圣甲虫是重生符号的一个典型例子。古埃及的一本叫做《阴间有什么》（*What is in the Netherworld*）的书中，描述了死后的太阳神如何在第十层把自己变成凯普里神（Khepri），就是圣甲虫，然后在第十二层乘上驳船，驳船带着恢复活力的太阳神飞向洒满朝阳的天空。这里唯一的困难是，对于受过教育的人，潜隐记忆①往往不能确定无疑地被消除（尽管我的病人并不知道这个象征）。但这不能改变心理学家们在不断地遇到没有了集体潜意识的假设就无法解释的案例这一事实。

因此，有意义的巧合——要与无意义的偶然组合②区分开来——似乎依靠一个原型的基础而存在。至少在我经验中的所有

---

① 指之前病人可能在某处接触过圣甲虫，之后忘记了。——译注

② 统计学分析，旨在由于随机活动从寻找原因的重大分散中把组群分离出来称为分散。然而，在荣格教授的假设中，由于偶然性，分散可分为有意义的分散和无意义的分散。由于偶然性，无意义的分散，通过类精神原型的激活，变为有意义的分散。

案例显示了这一特点，这样的案例非常多。尽管在这一领域任何拥有与我相同经验的人，都能很容易地辨认出他们的原型特征，但他会发现，把它们跟莱茵试验中的心灵状态联系起来却很难，因为后者不包含任何原型聚集。同时我的案例中的情感状态也都各不相同。尽管如此，必须铭记，莱茵第一系列的试验通常在起初产生了最佳结果，但这些结果却很快地瓦解。当对无聊的实验唤起新的兴趣时，试验结果却会再度得到改善。从这些可以得出结论，即：情感因素发挥着一个重要作用。情感作用，在很大程度上取决于本能，而本能的正式表达就是原型。

然而，在我的两个案例和莱茵的试验之间，还存在另一个心理上的类比，尽管这个类比不是很明显。这些表面上很不同的情况，都存在这样一个“不可能性”，作为其共同特征。有圣甲虫的病人，发现自己处于一种“不可能的”境遇中，因为治疗已停滞不前，而且僵局也看似找不到出路。在这样的境遇中，如果病人足够认真投入，原型意象的梦就有可能会发生，这个梦指向一个前进的可能路线，而做梦的人自己或许从未想过。正是这种类型的境遇使得原型以最大的规律性形成聚集。因此，在某些案例中，心理治疗师认为自己有义务去发现病人的潜意识正在遇到的理性上无法解决的问题。一旦发现这类问题，潜意识的更深一层，原始意象，就被激活，而且人格的转换就开始启动。

在第二个案例中，有着半潜意识的恐惧和一个会致命的威胁，对当时的情形“不可能”有足够认识。在莱茵的试验中，是任务的“不可能性”最终把被测对象的注意力锁定在了他内在正在发生的过程，因而给了潜意识一个显露自己的机会。超感官直觉（ESP）试验所确定的问题，从一开始就有一个情感效应，因为它们假定未知的东西是潜在的可知的东西，并以这种方式，把奇迹的可能性纳入考虑范围之内。不论被测对象持有何种观点，人的潜意识一直以来就希望见证奇迹。原始的迷信就隐匿在哪怕意志最坚定的个人的表面之下，而且正是那些反对最激烈的人首先向其暗示效应屈服。因此，当某个获得所有的科学权威支持的严肃试验触摸到这个准备好了的趋势时，就会不可避免地产生情感，从而以大量的情感作用或者接受或者拒绝。无论如何，情感期望会以这种形式或那种形式存在，即使它会被拒绝。

这里，我想唤起大家注意“共时性”这一术语会引起的一个可能的误解。我之所以选择这一术语，是因为两个有意义但无因果关联事件的同时发生，在我看来是一个基本准则。因此，与简单地意味着两个事件同时发生的“共时性”相比，我采用的是共时性的特殊含义，指的是有相同或相似含义的两个或两个以上无因果关系事件的巧合。

因此，共时性是指某种心理状态的同时发生，同时又有与这些心理状态相平行的外部事件的发生，而且，反之亦然。我用两个例子以不同的方式对这一点进行阐述。在圣甲虫的例子中，共时性显而易见，但在第二个例子中却并非如此。的确，群鸟引起了茫然的恐惧，但这可以用因果关系进行解释。然而，潜意识往往比显意识知道得更多，而且在我看来，这位妇女的潜意识有可能早已感到了危险。所以，如果我们排除了像致命的危险这样显意识的心理内容，那么群鸟的传统含义和她丈夫的死亡之间，就存在着明显的同时性。如果我们忽视可能但仍不是显而易见的潜意识的冲动，那么心理状态仿佛依赖于外部事件。尽管如此，这位妇女的心理仍然被牵涉其中，以至于鸟儿停在了她家的房屋上，而且还被她看到。由于这一原因，在我看来，事实上她的潜意识很可能已经产生聚集。如此的话，群鸟就有了一个传统的预言的意义。① 这在这位妇女自己的解释中也显而易见，因此，鸟群就好

① 一个文献的例子是“伊比库斯的鹤”。[Schiller的诗（1798），受到被抢劫者谋杀的希腊诗人的故事的启发，谋杀者借通过一群鹤的出现被带入正义的审判。由于鹤也飞临了犯罪现场，谋杀者看到这一场景后大声呼喊，从而泄露了自己的身份。——编辑。] 同样的，当一群唧唧喳喳的喜鹊停在一座房屋上，它应该意味着死亡，等等。

像代表了一种死亡的潜意识的预感。浪漫主义时代的物理学家们很可能已经谈到“同情”或“磁性”。但正如我所言，除非允许自己（接受）最极端神奇的假说，否则这样的现象无法从因果关系的角度进行解释。

如我们所见，鸟儿作为预兆的解释，是基于早期两个类似的巧合。这种巧合，在外婆去世时还不存在。当时，外婆的死亡和鸟儿的聚群只代表了巧合。在妈妈去世时，巧合是明摆着的，但在第三个例子中，巧合只有在濒临死亡者被带进屋子时才能被核实。

我提到这些，因为它们对共时性的概念关系重大。让我们举另外一个例子。我的一个熟人，在梦中看到而且经历了一位朋友的突然死亡以及所有的细节。那个时刻，做梦者在欧洲，朋友在美国。第二天早上，死亡的噩耗由电报证实。十天以后，一封信证实了那些细节。比较欧洲时间和美洲时间后显示，死亡至少发生在做梦前一小时。做梦者当天很晚才去就寝，一直没有睡着，直到大约凌晨一时。梦境发生在大约凌晨两点。梦并没有跟死亡共时。这种经验经常发生在重大事件的稍前或稍后。邓恩（J.W.

Dunne)[①] 提到了一个特别具有启发的梦。这个梦发生在1902年春天，当时他在布尔战争中服役。他好像站在一座火山的顶端。那是一座岛屿。他以前曾经梦见过这座岛屿，并且知道，这个岛屿受到灾难性的火山爆发的威胁（印度尼西亚的喀拉喀托火山）。恐惧之余，他想要拯救这个岛上的四千名居民。他尝试让附近岛屿的法国官员动员可利用的运输工具，开展拯救的工作。在此，梦开始显示典型的梦魇的母题：匆促的追赶，没有准时到达，在他的心里，始终萦绕着这些话："四千个人将会死亡，除非……"几天以后，邓恩随着他的邮件收到一份《每日电讯报》。他的眼光落在以下的新闻标题：

马提尼克岛的火山灾难

城镇被横扫

雪崩般的火焰

估计4万生命瞬间湮灭

这个梦并没有发生在实际灾难的时刻，而是仅当报导这则新

① 《与时间的一次试验》（第二版），34页起。

闻的报纸已经送往他家的途中。当他阅读报纸时，他将 40000 误读为 4000。这个误读，作为“记忆扭曲现象”而被固定。因此，每当他告诉这个梦时，他也错误地说 4000，而不是 40000。直到十五年后，当他抄写这篇文章时，才发现当初的这个错误。他的潜意识的知识，也如同他自己当初的阅读一样，曾经犯了相同的错误。

读到新闻之前不久就在梦中梦到火山喷发这件事，在现实中相当频繁地出现。我们经常在梦中梦到下次给我们发信的人。我确定，有好几次做梦的时候，信件已经到了收信人的邮局。从我个人的经验中，我也可以确认阅读中出现的错误。1918 年的圣诞节，我当时满脑子想的是“奥菲斯神话”，特别是在马拉拉斯的奥菲斯片段的神话。在那里，原始的光被描述为“Metis、Phanes 和 Ericepaeus 的三位一体”。在文本里是 Ericepaeus，可我总是读成 Ericapaeus。（实际上，是两种阅读都发生。）这个错误的阅读作为“记忆扭曲现象”变成了固定。后来，我总是记得这个名字是 Ericapaeus。只是在三十年后，我才发现，马拉拉斯的文本写的是 Ericepaeus。就在这个时候，我的一位病人，我已经一个月没有见她，她对我的研究一无所知。她做了一个梦。在梦里，有一位陌生人交给了她一张纸。纸上写着一首“拉丁文”的赞美诗，是献给一位叫做 Ericipaeus 的神。这位做梦者醒过来以后，写下了这首诗。她书写这首诗所用的语言，是特殊的混合拉丁文、法文与意大利文。这位女士拥有初级的拉丁文知识，略通意大利文，但法文说得非常流利。“Ericipaeus”这个名字，她则是完全不知。这不足为奇，因为她对古典作品一无所知。我们的两座城镇之间的距离大约是五十英里远，我们之间也已经有一个月没有彼此通过信。可奇怪的是，这个名字的不同拼法影响到了相同的元音，我也误读了（a 而不是 e 这个元音）。但是她的潜意识，却是以另一种方式误读了它（i 而不是 e）。我也只能假设，她的潜意识“阅读”的不是我的错误，而是文本。在文本里的是“Ericepaeus”的拉丁文音译，而明显我的误读使她思维不清晰。

共时性事件在于两种不同的心理状态同时发生。其中一种是正常的、可能的状态（即，能够从因果关系的角度进行解释），而另一种，与第一个事件没有因果的连接。在突然死亡的案例中，经验不能立刻被认出是“超感官直觉”（ESP），而只能事后核实。但即使在“圣甲虫”的案例中，立即经验到的是一种心理状态或心理影像，它们只是从梦的影像中得出，因为可以立即得到核实。在群鸟的例子下，在这位妇女心中有一种潜意识的冲动或者恐惧，我对其当然是知道的，而且致使我把病人送去看一位心脏病专家。

在所有的这些案例中，不论是空间的超感官直觉（ESP）问题，还是时间的超直觉感官（ESP）问题，我们发现了两种状态的共时性：一个正常或者普通状态，另一种因果关系无法证明，其客观存在只能事后核实。但必须记住这个定义，尤其是一个未来事件的问题。很显然，它们不是“同步的”或“在同样时间内的”（synchronous），而是“共时性的”（synchronistic），因为它们是作为心理影像在现在所经历的，仿佛客观事件已经存在。与一些客观的外部事件直接或间接关联的意外，与普通的心灵状态发生巧合，我称之为共时性，而且我坚持，我们涉及的是完全相同类别的事件，不论其客观性是否看来与我的意识在时间或空间中分离。这一观点得到莱茵试验结果的印证，它们没有受到时间或空间变化的影响。时间和空间，运动中的物体的概念性坐标，归根到底有可能完全是一回事儿。而且 Philo Judaeus 很久以前曾说过“天上运动的延续就是时间”①。空间的共时性，同样也可以被设想为时间中的感知。但值得一提的是，把时间中的同时性理解为空间的，这不是很容易。因为我们不能想象任何空间，其中未来的事件客观存在，而且还可以通过缩短这个空间距离而被体验到。但是，

① De opificio mundi，26。

由于经验表明，在某些条件下，时间和空间可以几乎为零，因果律也会随之而消失，这是因为因果关系跟空间和时间以及物理变化绑在一起，而且从本质上说由一连串的因果关系构成。出于这一理由，共时性现象，从原则上讲，不能与任何因果关系的概念联系在一起。因此，有意义的巧合一定是非因果的。

这里，为了想要找到一个可以说得明白的因，我们都很可能陷入一种假定有一个超越世间的因的存在。但“因”只能成为一个可论证的数量，而“超越世间的因”则是一个自相矛盾的说法，因为超越世间的任何东西，从定义上讲，是不能被证明的。假如我们不想冒非因果关系假设这个险，那么唯一的选择就是，把共时性现象解释为偶然的巧合，这就把我们带入与莱茵试验中超然感官直觉（ESP）的发现以及超心理学文献中所报道的其他经过严谨测试的事实相互冲突的境地。否则，我们就不得不承认，即：在任何给定的系统中，空间和时间都是常数，不考虑心理条件。这是当今科学试验中经常发生的。但是，当对某一事件的观察不受试验的限制时，观察者就很容易受情绪状态的影响，这种情绪状态会通过“收缩”改变空间和时间。每一种情绪状态都能带来一种意识的改变，珍妮特（Janet）称之为“降低智力水平”（abaissement du niveau mental）；也就是说，存在着一定程度的显意识的收缩和一个相应的潜意识的增强，特别是在强烈影响的情况下，这即使对外行人也是显而易见的。潜意识的色调加强，由此创造了一个渐变的过程，使得潜意识流向了显意识。然后，显意识就受到潜意识的本能冲动和内容的影响。这时一定会有以原型为根基的各种情节的显现。潜意识，同样也包含下意识（以及当时不能重现或者再也不会重现的忘却的记忆影像）。在潜意识内容中，我们必须把觉知和我所称的某种“知识”或者一种心理影像的“即时性”区分开来。鉴于感官直觉可以跟低于阈值意识的大概或可能的感官刺激联系起来，那么这种“知识”或潜意识影像的“即时性”，或者没有可识别的基础，或者我们会发现与某些已经存在且常常是原型的内容存在可识别的因果关联。但这些影像，不论是否根植在已经存在的基础上，都与外部发生的事件没有直接的因果关系。当能量传递甚至不可能时，一个在时空上遥远的事件又怎么能够产生一个相应的心理影像？但不论这看起来多么的令人费解，我们最终会被迫假设，在潜意识中，有这样一种先验知识或没有因果基础的事件的一种“即时性”。无论如何，我们的因果关系的概念解释不了这样的事实。

考虑到这一复杂情况，概括一下以上所讨论观点的要点，也许是值得的，这样做的最好办法就是借助我们的例子。在莱茵的试验中，我假设，由于被测对象的紧张期待或者情感状态，一个结果已经存在，正确但是是潜意识的关于结果的影像促使被测对象的显意识心智能获得高于巧合点击数的分数。圣甲虫之梦是一个潜意识内容的显潜意识呈现，一个关于这一情境的画面在事件发生的前一天已经存在。死去的病人的妻子，对即将到来的死亡有一种潜意识的知识。群鸟唤起了她相应的记忆影像，带来恐惧感。同样的，与朋友暴毙几乎同时做的梦，则源于一种对这一事实已经存在的潜意识的知识。

在所有的这些情况以及类似的其他情形中，似乎有一种先验的存在，对当时未知的一种境况从因果关系的角度无法解释的知识。因此，共时性由两个因素构成：（1）一种潜意识的影像以梦、概念或征兆的形式直接（即照字面地）或间接地（象征或暗示性地）进入意识；（2）与此内容巧合的一种客观事件。两个因素都同样令人不解。潜意识的影像如何出现，巧合又如何发生？人们为什么喜欢怀疑这些事情的现实，我太了解了。这里，我只提出问题。在本研究的后期，我会尝试回答这个问题。

关于情绪反应在共时性事件发生方面承担的角色，我想说明一下，这绝不是一个新观点，中世纪时期的阿维森纳（Avicenna）和大阿尔伯特（Albertus Magnus）早就知道。关于魔术这个课题，大阿尔伯特这样写道：

在阿维森纳的一本名为“*Liber sextus naturalium*”的书中，我发现有一个指导性的描述，说有一种改变事物的力量[1]寓居在人的灵魂中，其他事物则臣于它的权下，特别是当陷入过度的爱或恨等诸如此类的情感时，更是如此。[2] 因此，当一个人的灵魂落入任何激烈的情感中时，可以通过试验证明，这种（过度的）激情，会把事物（魔术性地）束缚在一起，并按它想要的方式改变它们。[3] 很长的一段时间我都不相信，但在读了招魂书和其他关于符号与魔法的书籍之后，我发现人灵魂的情绪状态[4]是所有这些事情的主要原因，不论是为了她的强烈情感的缘故，还是因为为了自己的尊严，她改变了身体的物质，其他的低级的东西从属于她，在适当的时间或者另一种力量与如此过度的一种情绪不谋而合，而我们因此相信这种力量所实现的，都是由灵魂来完成的。[5] ……无论

---

① “维图斯”（天使）。

② “quando ipsa fertur in magnum amoris excessum aut odii ut alicuius talium.”

③ “fertur in grandem excessum alicuius passionis invenitur experimento manifesto quod ipse ligat res et alterat ad idem quod desiderat”.

④ “affection”.

⑤ “cum tali affectione exterminata concurrat hora conveniens ut ordo coelestis aut alia virtus, quae quodvis faciet, illud reputavimus tunc animam facere”.

谁想学或者抵抗这些事情的秘诀都必须了解，如果他进入强烈的情感中……每个人都能魔法般地影响每件事，而且必须在过度的情感临在他身上的那一刻做这件事。并且用灵魂指定的东西来进行操作。因为，此时的灵魂如此渴望这件事的发生，以至于她想主动实现她在更重要和更好的时刻所捕获的东西，而这样东西同时也支配适合于该事件的事物……如此的话，是灵魂更强烈地渴望某样东西，是灵魂使事物更有效，使其预感更准确……这是灵魂强烈渴望的一切事物的生产方式。在这个目的之下，她所做的每一件事情都对灵魂所渴望的具有原动力和功效。①

这篇文章清楚地表明，共时性（“魔法般的”）事件是依赖于情绪状态的。由于他所处的时代，大阿尔伯特（Albertus Magnus）自然地以假定灵魂内存在着一个神奇的功能来解释这一现象，而没有考虑到心理过程本身，就像预测同时发生的外部物理过程的影像一样，是“安排的”。这个影像起源于潜意识，因此属于那些“独立于我们的思维”（cogitations quae sunt a nobis independentes）的，按照海林克斯（Arnold Geulincx）的见解，它

① De mirabilibus mundi (1485?).

们来自上帝的提示，而非发源于我们自己的思考。① 德国诗人歌德以同样的“魔术般的”方式理解共时性事件。因此他在跟艾克曼（Eckermann）的对话中说：“在我们内在，每个人都有某种的电磁力，根据我们所接触的事物喜好，行使一种吸引力或排斥力。”②

这些总体的考量之后，让我们再次回到这个问题或共时性的经验基础上。这里主要的困难是，寻找经验材料并从中合理地得出某些结论，但不幸的是，这个困难并不容易解决。问题中所涉及的经验，目前手头没有。因此，如果想扩大我们对自然的理解的基础，我们就必须在最后的角落寻找，并鼓起勇气冲击我们这个时代的偏见。当伽利略用自己的单筒望远镜发现了木星的卫星时，他就立刻与自己同时代那些博学的同僚们发生了正面冲突。那时，没人知道什么是单筒望远镜及它有什么作用。以前也从没有任何人谈论过木星的卫星。每个时代都会认为以前的所有时代都充满了偏见。今天，我们更是这样认为，而这跟以前这样想的所有时代一样，都是大错特错。有多久我们没有看到真理被谴责！

---

① *Metaphysica vera*，第三部分，“Secunda scientia”，in Opera philosophica，Land 编辑，第二部分，187 页起。

② “Eckerman's Conversation with Goeth”，Moon 翻译，514 页起（修订版）。

说起来令人伤心，但不幸的是，人类没有从历史中学到什么。当我们着手收集经验材料，给这个黑暗的主题投来一丝曙光时，这个事实就会把最大的困难展现在我们面前。我们相当肯定会找到它，然而所有的权威已经向我们保证我们什么也不会找到。

对特例事件的报道，不论经过怎样的验证，都是无利可图的，而且至多让人认为报告者是一个轻信的人。即使有严谨的记录和大量此类案例的核实，比如 Gurney、Myers 和 Podmore 所完成的工作，也几乎没有给科学界留下任何印象。大多数“专业的”心理学家和精神病学家，对这些研究好像完全不知情。①

超感官直觉（ESP）和心灵致动（PK）试验，为评估共时性现象提供了统计学基础，同时也指出了心理或精神因素发挥的重要作用。这一事实，促使我提出了一个问题：是否可能找出一种方法，一方面证明共时性的存在，另一方面揭示与之相关的心理内容。换言之，我问自己，是不是没有这样一种方法，既能产生计量的结果，同时也能让我们获得对共时性的心理背景的深刻理

---

① 最近，Pascual Jordan 提供了对空间透视（超感官直觉）进行科学调查的一个很好的例子（“Positivistische Bemerkungen uber die parapsychischen Erscheinungen”）。我也想指出他的另一本书，“*Verdrangung und Komplementaritat*”，这是一本关于形而上学与无意识心理学之间关系的书。

解。针对共时性现象，有某些基本的心理条件，这一点，从超感官直觉（ESP）试验中我们已经看到，尽管后者在性质上是巧合的事实，而且只强调其心理背景，没有对其进行进一步的阐释。我很早就知道，有直觉法和“占卜”法，它们从心理因素开始，而且把共时性的存在看做是不证自明的。所以，我把注意力首先转向了直观全局的技术，这一点是中国的特色，也就是《易经》。①不像受过希腊训练的西方式的思维，中国式的思维不会纯粹以抓住细节为目标，而是视细节为整体的一部分。由于显而易见的原因，对于理智，这类的认知操作是不可能的。所以，判断必须更多地依赖意识的非理性功能，那就是感觉（sens du reel）和直觉（借助于潜意识内容的知觉）。《易经》，我们完全可以称之为中国古典哲学的实证基础，是掌控全局从而针对全宇宙布置细节的已知的最古老的方法之一——阴阳的相互作用。

显然，掌控全局同样也是科学的目标。但由于只要有可能，科学都以试验和在所有情况下以统计的方式推进，因此这个目标很难实现。科学在于提出一个确切的问题，要尽可能地排除干扰和无关紧要的任何东西。科学要设定条件，向大自然施加这些条

① 由 Cary F. Baynes 根据卫礼贤的译文进行翻译。

件，通过这种方式，迫使大自然给出人们所设计的问题的答案。科学要避免从所有可能性中给出答案，因为这些可能性就实用性而言是有限的。为此，实验室模拟创造了一种情境，被人为地限定在问题之内，这种情境会迫使大自然给出一个明确的答案。大自然无限制的整体性的运作被彻底排除。如果我们想知道这些运作都是什么，我们就需要一个探究的方法，施加最少的可能的条件，或者，如有可能，根本不施加条件，然后让大自然从自己的完美中给出答案。

在实验室的试验中，已知和确定的程序形成了实验结果在统计上编辑和比较的稳定因素。另一方面，在直觉或“占卜”的全息实验中，不需要提出任何问题来施加条件和限制自然过程的整体性，它被赋予了表达自己的每一个可能的机会。在《易经》中，硬币以恰巧适合自己的方式落地。[①] 从观察者的角度讲，对于一个未知的问题，给出的会是一个理性上莫名其妙的答案。到目前为止，针对一套完全的反应，所设定的条件是积极且理想的。然而，不利之处也一目了然：相较于科学实验，人们不知道到底发生了什么。为了克服这一缺点，公元前 12 世纪的两位中

① 如果试验采用传统的蓍草茎，那么四十九根蓍草茎的分配就代表偶然因素。

国哲人文王和周公，基于他们自己万物合一的假设，力图以一个意义对等（an equivalence of meaning）的物理过程来解释这个问题。也就是说，外在的事件对等地发生在内在。换言之，他们假定，相同的生活现实在心理状态中像在物理状态中一样表达着自己。但是，为了核实这样一个假设，需要在这个明显无限定的实验中定下一些限定条件，这样可以使大自然以奇数或偶数的方式回答这些问题。这些作为阴阳的代表，在潜意识和大自然二者中均被发现，存在于世界的二元对立中。作为万物发生的“乾（父）”“坤（母）”，它们形成了心理内在世界和物理外在世界的第三个比较（tertium comparationis）。如此，这两位哲人就设计了一套方法，使一种内部状态可以被表示为一种外部状态，反之亦然。这自然就预设了每个甲骨文图案含义的一种直觉知识。因此，《易经》由六十四种组合组成，给出了每一种可能的阴阳组合的含义。这些解释，明确地表达了内在潜意识的内容，与此时的显意识状态相对应，而这一心理状况与这一方法的结果同时发生，也就是，与硬币落地的奇偶次数，或者占卜用的蓍草茎的分离同时发生。①

① 也请参见 infra，986 页。

这种办法，像所有占卜或直觉的方法一样，是基于一种非因果关系或共时性关联的原则。[①] 在实践中，正如任何一位无偏见的人都会承认，很多显而易见的共时性的情况在试验中发生，可以合理地而且有些随意地被解释为仅仅是（心理）投射。

但是，如果假定，它们真的就像看起来的样子，那么它们就只能是有意义的巧合，而据我们所知，这里没有因果性的解释。这个方法是，把四十九根占卜用的蓍草茎随意分成两堆，按三和五报数，或者扔三个硬币六次，卦的每一爻由正面和反向（头 3，尾 2）[②] 的值所决定。这个试验，基于一项三合一原则（两个卦），包括六十四种变化，每一种都对应一种心理状况。卦象与爻辞中对这些都有详细的讨论，并附有注释。西方也有一种方法，起源很古老[③]，基于与《易经》同样的原则。唯一的不同点是，在西方的方法中，这一原则不是三合一的，但更值得我们注意的一点是，

---

① 在我给卫礼贤写的吊文（1930 年 5 月 10 日在德国慕尼黑诵读）中，我第一次使用了这个词。这篇吊文作为附件后来出现在了名为《金花的秘密》的书中。书中，我写道：《易经》的科学性，不是基于因果律，而是一种我暂时称之为共时性的原理（此前没有命名，是因为我们当中还没有人遇到过）（141 页）。［参见“Richard Wilhelm：In Memoriam”，81 页］。

② 《易经》，721 页起。

③ Isidore of Sevill，在其名为 Liber etylologiarum，III 卷的第 13 页中提到。

它是四合一的，而且结果也不是由阴阳爻组成的六十四卦来表示，而是由奇偶数组成的十六个图案。其中的十二个图案，按照一定的规则，排列为星座的十二宫。试验基于 4×4 的线条，由随意数量的点所组成，这些点由发问者在沙土或者纸张上面按右到左①的顺序标出。依照西方真实的样式，所有这些因素的组合比《易经》中的描述详细得多。同样，这里也有任何数量的有意义的巧合，但一般它们都更难懂，因此比《易经》更不显而易见。这个西方名为 *ArsGeomantica* 或称斑点艺术（Art Punctation）② 的方法，自 13 世纪开始就非常流行。这种方法没有好的注释，因为它的目的只是用于占卜，不像《易经》那样有它的哲学内涵。

尽管两套程序的结果指向了预定方向，但它们没有提供统计学评估的任何基础。因此，我开始寻找另一种直觉的方法，于是就碰到了星座学说，至少就其现代形式而言。它自称能给出个人性格的一个或多或少的整体情况。这里，不缺乏注释；的确，注释是如此之多，以至于我们有些眼花缭乱，这说明这些注解既不

---

① 还可以使用玉米粒或骰子。

② 在 Robert Fludd（1574—1637）的名为 De arte geomantica 的书中，叙述最为精彩。请参见 Lynn Thorndike 的名为“*A History of Magic and Experimental Science*”的书，第 110 页。

简单也不确定。在其中我们所研究的有意义的巧合，立刻变得显而易见，因为按照研究者的说法，天文数据跟个人的性格特点相对应；从最远古的时代起，各种各样的星宿、星宫、黄道十二宫和相位，都有其含义，作为研究性格的一种根据，或者某个既定情境的解释。对被测对象而言，结果跟问题中的情境或性格不相符，这总是有可能的；而且，关于性格的知识的断言是一个非常主观的事情，这一点也很难反驳，因为在性格学上不存在绝无错误或者甚至可靠的结果可以用任何方式进行测定或者计算，这一异议，也应用于笔迹相法，尽管其在实践中得到广泛的认可。

这种批评以及确定性格特点的可靠标准的缺失，使得星盘结构与个人性格的有意义的巧合不适用于此处的讨论。所以，如果想要据这种学说得知一些有关事件的非因果关联的任何情况，我们就必须放弃这种不确定的性格诊断，以绝对确定且不容置疑的事实取而代之。两个人之间的婚姻关系就是这样的一个事实。①

① 其他明显的事实就是谋杀和自杀。统计数字可以在 Herbert von Kloeckler 的书（*Astrologie als Erfahrungswissenschaft*，236 页起和 260 页起）中找到。但遗憾的是，书中没有给出与正常平均值的比较，而且我们的研究也不能用。另一方面，Paul Flambart（Preuves et bases de lastrologie scientifique，79 页起）展示了一张有 123 名杰出人士的上升星座的统计图。明确的积累发生在 airy trigon（12 宫中隔 120 度的）的角落。这一结果有 300 个案例的进一步确认。

自古以来，传统上主要与婚姻对应的有太阳的结合（coniunctio Solis）、月亮（et Lunae）、月亮和月亮的结合（coniunctio Lunae et Lunae）以及月亮与上升星座的结合。① 此外，还有别的，但这些都不在传统主流之列。传统中，引入上升—下降轴，因为它长久以来就一直被认为对人格有特别重要的影响。② 鉴于我一会儿就会涉

① 这一观点要追溯到托勒密时期："Apponit [Ptolemaeus] autem tres gradus concordiae：Primus cum Sol in viro，et Sol vel Luna in femina，aut Luna in utrisque，fuerint in locis se respicientibus trigono，vel hexagone aspectu. Secundus cum in viro Luna，in uxore Sol eodem modo disponuntur. Tertius si cum hoc alter alterum recipiat."托勒密假设了三个程度的和谐。第一度和谐是，当太阳位于男人的星座，太阳或月亮位于女人的星座，或者月亮位于二者的星座时，它们都在各自的三分方位或六分方位的位置。第二度和谐是，当月亮位于男人的星座，太阳位于女人的星座，二者以同样的方式聚集。第三度和谐是，当一个接受另一个时。在同一页上，卡丹引用了托勒密(De iudiciis astrorum)：Omnino vero constants et diurni convictus permanent quando in utriusque conjugis geniture luminaria contigerit configurata esse concorditer")[一般来说，当按照配偶的星座排列，两个光体（太阳和月亮）处于和谐的星座位置时，他们在一起的生活会很长久。] 托勒密把一个代表雄性的月亮和代表雌性的太阳的结合，视为对婚姻尤为有利的星座排列。——Jerome Gardan，Commentaria in Ptolemaeum de astrorum iudiciis，卷四（在其名为 Opera omnia 的书卷五，第 332 页）。

② 专家们此处忍不住会发笑，因为对他而言，这些对应绝对是不证自明的，一个典型的例子就是歌德和 Christiane Vulpius 的关系：对于那些对古代的这门艺术与技巧感觉不自在的读者们，或许我该说几句新的解释性的话，星座学说的基础是星盘，就是在某一个体生日的时刻，太阳、月亮和星体根据各自的相对位置，以黄道十二宫的符号进行的圆形排列。有三个主要的位置，即：太阳的位置（符号）、月亮的位置（上升位置），还有就是所谓的上升星座（Asc）；最后一个，对于一个人出生的解释非常重要：Asc，代表着一个人出生时从东方地平线上升起的黄道十二宫符号的度。星盘由 12 个所谓的"星宿"（houses）组成，每个都有一个 30 度的扇区，它的传统赋予它们不同的特性，就像赋予了不同的"相位"（aspects）以不同的特性一样，也就是，星体和光体[太阳（符号）和月亮（符号）]的角度关系，以及与黄道十二宫的关系。

及火星（♂）和金星（♀）的结合和对立，在这儿我想说，二者与婚姻有关，只是因为两座星球的结合和对立指向了一种爱情关系，但这也许会、也许不会产生婚姻。就我的试验而言，我们必须在结婚的星座配对与未婚的星座配对中调查巧合相位（☉ ☾，☾ ☾）以及上升点。而比较上述相位与在较小程度上只属于传统主流的那些相位会更有意思。执行这样一项调查只要有出生日期、历书和对数表即可做出星盘。

上述的三个方法表明，最适合巧合的方法，就是数值计算法。从远古时代起，人们就利用数字来建立有意义的巧合，即，可以解释的巧合。关于数字，有种特别、甚至有人会说是神秘的东西。它们从没有被完全剥夺其神圣的光环。一本数学教科书这样告诉我们，如果一组物体被剥夺了其属性的每一个层面，最终仍然存留的是它的数字，这似乎暗示着数字是一种不可削减的东西。（这里，我不关心这一数学论证的逻辑问题，只是关心心理学问题！）人们意外地发现，原来，数字的自然顺序远不只是串在一起的相同的单位那样简单：它包含了数学的全部以及迄今为止该领域还未曾发现的一切。因此，在某种意义上，数字是一个不可预知的实体。尽管我不愿意尝试去阐释两个如此不可通约的事物、数字和共时性之间内在的关系，但我忍不住要指出，它们不仅总是被带入彼此的关联之中，而且二者的共同特征就是它们都具有神圣性和神秘性。数字总是被用来描述一些超自然的对象的特征，而且从 1 到 9 的所有数字都是“神圣的”，就如数字 10、12、13、14、28、32 和 40 有着特殊的意义一样。一个物体的最基本的特性就是它是“一”还是“多”。在给表面的混乱带来秩序方面，数字的帮助胜过一切。数字注定是创造秩序、领会已存在但仍未知的规则排列或“有序化”的工具。鉴于数字 1 到 4 发生的频率最高且有着最广泛的影响，在人类的心灵中，数字很有可能是最原始的秩序的元素。换言之，秩序的原始模式大都是三合一或四合一。顺便提一下，数字有一个原型基础，这不是我个人而是某些数学家的猜测，这一点在适当的时候我们会谈到。因此，我们是否可从心理学角度把数字定义为已经显意识化了的秩序的原型（*archetype of order*）。我认为这不是一个过于大胆的结论。① 值得一提的是，由潜意识自发生成的关于整体的心理影像，象征着自性的曼陀罗，也有一个数学结构。它们通常是四位一体（或它们的倍数）。② 这些结构不仅表达秩序，它们还创造秩序。这就是它们为

---

① 参见《东方冥想心理学》，特别是 942 页。

② 参见《关于自性化过程的研究》及《关于曼陀学》。

什么通常在精神恍惚时出现的原因，以便能对混沌状态进行补偿，或者作为神圣体验的酝酿。但我们必须再次重申，它们并不是显意识心智的发明，而是潜意识的自发产品，这一点，经验已经给出了足够的证明。意识心智能够模拟这些秩序的模式，但这样的模拟不能证明这些模式是意识的发明。从这一点可以得出无可反驳的结论：潜意识利用数字作为构成秩序的因素。

一般认为，数字是发明的或者由人想出来的，因此只是数量的概念而已，其所包含的一切都是由人的理智先前放入的东西。但同样可能的是，数字是被找到或者发现的。假如那样的话，它们就不仅仅是概念，而是比概念会更高一些，包含不仅仅是数量的自主实体。与概念不同，它们不是基于任何的心理条件，而是作为自我的特性，基于一个“确是如此”（so-ness），这不能由认知上的概念加以表达。在这样的条件下，它们可能会很容易地被赋予仍需被发现的特性。我必须坦白，我倾向于数字既是发现的也是发明的这一观点，因此它们拥有一个相对的自主性，类同于原型的相对自主性。与后者一样，数字拥有先于意识而存在的特性，因此有时会主导意识而不是意识主导它。同样的，原型，作为先验的表现形式，既是发现也是发明的：它们是发现的，因为人不了解它们的潜意识的自主存在；它们也是发明的，因为它们的存在是从类似的表征结构推断出的。因此，自然数似乎有一个原型的特征。如果是这样，那么不仅是某些数字和数字组合与某些原型有关系且对之有影响，反过来也是一样。第一个例子，相当于数字魔术，而第二个例子则相当于探究，数值是否具备一种以特殊方式表现自己的趋势。

第二章　一个实验

如前所述，我们需要两种不同的事实资料，一种代表星盘格局，另外一种则与婚姻状态有关。

研究所用的资料——其实就是一些婚姻伴侣的星盘信息——来自一些友善的捐赠者，苏黎世、伦敦、罗马、维也纳各地都有。这些资料最初是为了实验收集而来，有些已有很多年头。所以，当初收集这些资料的人并不知道现在这项研究——之所以强调这一事实，是为了排除人们因为这些资料的收集目的，而对此实验的有效性产生质疑。与刻意为之相反，这些样本都是随机而来的。这些资料，或者说出生信息，仍是按当初寄来的时间排序的。当收到 180 对样本的时候，我们暂停了收集，在此期间完成了对这 360 个样本的研究工作。第一批资料仅仅用于实验性研究，我当时是想借此找出之后的实验方法。

资料最初是用于检测星盘这一直观方法的经验依托的。鉴于这一收集初衷，一些更加通用的情况也应适用。

婚姻是一个具有显著特征的事实，尽管在心理层面展现出各种不同的可能。根据上述的观点，正是这些不同的可能在星盘中的表现最为突出。个体因为彼此的星座结婚的可能，或者说是巧合，就整体而言并不重要，所有外在因素都可被纳入实验评估，不过须是因为它们在心理层面有所展现。鉴于人类性格存在太多的变数，我们几乎不会预期婚姻被归纳为只有一种星盘配置；相反的，如果设想成立，将有若干配置共同指向当事人选择该位婚姻伴侣的倾向。在此，我必须提醒读者注意太阳黑子活动周期与死亡率之间著名的呼应关系。其中的关联似乎与地球的磁场干扰有关，而它们又与太阳质子的辐射波动有关，这些波动也会通过干扰反射无线电的电离层对无线电接收、天气造成影响。对于这些干扰的研究似乎显示出太阳与地球之间的合、冲、刑克相位对质子辐射的增加有着重要影响，并因此形成电磁风暴。另一方面，该实验比较讨喜的三分相和六分相则被认为与统一的无线电台气象预报有关。

这些观测让我们得以瞥见实验可能带有的随机特性。不管怎样，这点对开普勒气象实验而言是毋庸置疑的。但是，在已经确立的质子辐射生理效应之上，心灵效应也有可能发生作用，从而影响实验论述的随机性，使其受制于一定范围内的因果解释。尽管没人解释得了出生星图的有效性从何而来，我们就是知道在行星运作和人类的心理生理倾向之间存在某种关联。一个人因此才会不将星盘观测的结果作为共时现象，而是将其作为随机的可能。因为无论何种情况下，一旦根源依稀可被追溯，共时性就会变成一个极其值得怀疑的因素。

现在，无论从哪个角度来说，我们都没有足够的依据以确信其预测结果不仅仅是随机的，或者判定涉及大量数据的统计结果弱于一个统计意义上的重要现象。鉴于大规模研究的缺乏，我决定从经验主义依托开始着手，并使用大量婚姻伴侣的星盘资料，看看可以得出怎样的结论。

试验性研究

收集完第一批资料之后，我先观察的是星盘中日月的合相及对分相，这是两个同等激烈的相位（对冲相位往往比较困难一些），也就是说，它们代表两个天体之间的激烈关系。加上火星、金星、上升、下降、合相和对分相，共计 50 个不同的相位组合就此产生。

男性

女性		☉	☾	♂	♀	*Asc.*	*Desc.*
	☉	☌ ☍	☌ ☍	☌ ☍	☍ ☌	☌	☌
	☾	☌ ☍	☌ ☍	☍ ☌	☌ ☍	☌	☌
	♂	☍ ☌	☌ ☍	☌ ☍	☌ ☍	☌	☌
	♀	☌ ☍	☍ ☌	☌ ☍	☍ ☌	☌	☌
	Asc.	☌	☌	☌	☌	☌	☌
	Desc.	☌	☌	☌	☌		

☌ = 合相　　☍ = 对分相

数据 1

（**译注**：第一排以左至右分别为太阳、月亮、火星、金星、上升和下降点为序；第一列从上至下分别为太阳、月亮、火星、金星、上升和下降点为序）

想必读过前一章中有关星盘传统论述的读者会明白我选择这些组合的原因。我只是需要在此强调，就合相和对分相而言，火星和金星产生的相位比其他组合之间的同样相位影响要小得多，原因如下：火星和金星的关系可以揭示一段恋爱关系，然而婚姻关系并不总是恋爱关系，同样，恋爱关系也不等于婚姻关系。我之所以将火星和金星的两个相位包括在内，是为了更好地与其他组合之间的相位进行比对。

我们先对 180 对夫妻中的 50 个相位组合进行了研究。非常清楚的一点是，在这 180 位男士和 180 位女士中，原是配偶的两人在配对之后可以不是各自的伴侣。事实上，在刨除原本的配偶之后，180 位男士中的任意一位都有可能与剩下的 179 位女士中的任意一位配对，就此可以得到 180×179 = 32220 对非婚组合。我们对此做了研究（见表格 1)，包括非婚组合与婚姻伴侣之间的相位分析比对。所有的计算都采用了 8°的容许度，入相位和出相位均是如此。之后，两批分别来自 220 对和 83 对夫妻的资料汇集了进来，所以一共是 483 对夫妻或者说 966 个星盘的信息被做了研究。评估结果显示，最为频繁出现的相位是日月合相（10%），第二频繁的是月月合相（10. 9%），排在第三的则是月亮和上升的合相（9. 6%）。

起初使我最感兴趣的便是概率问题——我们得到的最为显著的结果在统计学上具有意义么？它们是否可以呈现某种事实？来自一位数学家的计算准确无误地告诉我们：在三批资料中，平均 10% 的出现概率远远不是一个重要的数据。它的可能性太多，也就是说，即使是其中最大的出现概率也很难被认定不是随机分布产生的结果。

第一批资料的分析

首先，针对 180 对夫妻和 32220 对非婚配对组合的星盘资料，我们计算出了太阳、月亮、火星、金星、上升和下降点之间的所有合相和对分相。计算结果可见表格 1。在夫妻和非婚配对组合之间，相位的出现频率将被进一步观察。

非常明显的是，表格 1 第二、四列中所示的出现频率无法直接用于对比观察夫妻和非婚配对组合之间的相位，因为一边是 180 对夫妻，另外一边则是 32220 对非婚配对组合。在第五列中，我们因此将第四列的数据乘以 180/32220。而表格 2 展示的是表格 1 第二列和第五列数据之间的比率，根据频率排列，比如，日月合相的比率为 18：8. 4＝2. 14。

对统计学家而言，这些数据无法用来确立任何事，没有什么价值，不过是随机分布的结果。但是从心理学的角度出发，我摒弃了“我们只是在处理一堆随机数据”的想法。以自然事件的全局视野来看，规则之外的特例与普遍情况一样重要、值得重视。统计学的误区在于它仅仅代表了现实中的平均状况，因此忽略了整体，是片面的。统计学的世界观是一种提炼，并不全面，甚至会误导人，应用于心理学时尤其如此。真实包括最大的几率和最小的几率，而这是我希望探索的。

表格 1

相位			对 180 对夫妻的观察结果		对 32220 对非婚组合的观察结果	计算得出的 180 对非婚组合的频率	
女		男	实际结果	占总体百分比		实际频率	频率所占百分比
Moon	☌	Sun	18	10. 0%	1506	8. 4	4. 7
Asc.	☌	Venus	15	8. 3%	1411	7. 9	4. 4
Moon	☌	Asc.	14	7. 7%	1485	8. 3	4. 6
Moon	☌	Sun	13	7. 2%	1438	8. 0	4. 4
Moon	☌	Moon	13	7. 2%	1479	8. 3	4. 6
Venus	8	Moon	13	7. 2%	1526	8. 5	4. 7
Mars	☌	Moon	13	7. 2%	1548	8. 6	4. 8
Mars	☌	Mars	13	7. 2%	1711	9. 6	5. 3
Mars	☌	Asc.	12	6. 6%	1467	8. 2	4. 6
Sun	☌	Mars	12	6. 6%	1485	8. 3	4. 6
Venus	☌	Asc.	11	6. 1%	1409	7. 9	4. 4
Sun	☌	Asc.	11	6. 1%	1413	7. 9	4. 4
Mars	☌	Desc.	11	6. 1%	1471	8. 2	4. 6
Desc.	☌	Venus	11	6. 1%	1470	8. 2	4. 6

（续表）

相位		对 180 对夫妻的观察结果		对 32220 对非婚组合的观察结果	计算得出的 180 对非婚组合的频率	
女	男	实际结果	占总体百分比		实际频率	频率所占百分比
Venus ♂	Desc.	11	6. 1%	1526	8. 5	4. 7
Moon 8	Mars	10	5. 5%	1540	8. 6	4. 8
Venus 8	Venus	9	5. 0%	1415	7. 9	4. 4
Venus ♂	Mars	9	5. 0%	1498	8. 4	4. 7
Venus ♂	Sun	9	5. 0%	1526	8. 5	4. 7
Moon ♂	Mars	9	5. 0%	1539	8. 6	4. 8
Sun ♂	Desc.	9	5. 0%	1556	8. 7	4. 8
Asc. ♂	Asc.	9	5. 0%	1595	8. 9	4. 9
Desc. ♂	Sun	8	4. 3%	1398	7. 8	4. 3
Venus 8	Sun	8	4. 3%	1485	8. 3	4. 6
Sun 8	Moon	8	4. 3%	1508	8. 4	4. 7

第一列从上至下依次为：

月亮合相太阳

上升合相金星

月亮合相上升

月亮对冲太阳

月亮合相月亮

金星对冲月亮

火星合相月亮

火星合相火星

火星合相上升

太阳合相火星

金星合相上升

太阳合相上升

火星合相下降

下降合相金星

金星合相下降

月亮对冲火星

金星对冲金星

金星合相火星

金星合相太阳

月亮合相火星

太阳合相下降

上升合相上升

下降合相太阳

金星对冲太阳

太阳合相月亮

表格 1(接上)

相位		对 180 对夫妻的观察结果		对 32220 对非婚组合的观察结果	计算得出的 180 对非婚组合的频率	
女	男	实际结果	占总体百分比		实际频率	频率所占百分比
Sun ☍	Venus	8	4.3%	1502	8.4	4.7
Sun ☍	Mars	8	4.3%	1516	8.5	4.7
Mars ☍	Sun	8	4.3%	1516	8.5	4.7
Mars ☌	Venus	8	4.3%	1520	8.5	4.7
Venus ☍	Mars	8	4.3%	1531	8.6	4.8
Asc. ☌	Moon	8	4.3%	1541	8.6	4.8
Moon ☍	Moon	8	4.3%	1548	8.6	4.8
Desc. ☌	Moon	8	4.3%	1543	8.6	4.8
Asc. ☌	Mars	8	4.3%	1625	9.1	5.0
Moon ☌	Venus	7	3.8%	1481	8.3	4.6
Mars ☍	Venus	7	3.8%	1521	8.5	4.7
Moon ☌	Desc.	7	3.8%	1539	8.6	4.8
Mars ☍	Moon	7	3.8%	1540	8.6	4.8
Asc. ☌	Desc.	6	3.3%	1328	7.4	4.1
Desc. ☌	Mars	6	3.3%	1433	8.0	4.4
Venus ☌	Moon	6	3.3%	1436	8.0	4.4
Asc. ☌	Sun	6	3.3%	1587	8.9	4.9

（续表）

相位		对 180 对夫妻的观察结果		对 32220 对非婚组合的观察结果	计算得出的 180 对非婚组合的频率	
女	男	实际结果	占总体百分比		实际频率	频率所占百分比
Mars ☌	Sun	6	3. 3%	1575	8. 8	4. 9
Moon ☍	Venus	6	3. 3%	1576	8. 8	4. 9
Venus ☌	Venus	5	2. 7%	1497	8. 4	4. 7
Sun ☍	Moon	5	2. 7%	1530	8. 6	4. 8
Sun ☌	Venus	4	2. 2%	1490	8. 3	4. 6
Mars ☍	Mars	3	1. 6%	1440	8. 0	4. 4
Sun ☌	Sun	2	1. 1%	1480	8. 3	4. 6
Sun ☍	Sun	2	1. 1%	1482	8. 3	4. 6

第一列从上至下依次为：

太阳对冲金星

太阳对冲火星

火星对冲太阳

火星合相金星

金星对冲火星

上升合相月亮

月亮对冲月亮

下降合相月亮

上升合相火星

月亮合相金星

火星对冲金星

月亮合相下降

火星对冲月亮

上升合相下降

下降合相火星

金星合相月亮

上升合相太阳

火星合相太阳

月亮对冲金星

金星合相金星

太阳对冲月亮

太阳合相金星

火星对冲火星

太阳合相太阳

太阳对冲太阳

表格 2

相位			婚姻伴侣的相位频率占比	相位			婚姻伴侣的相位频率占比
女		男		女		男	
Moon	☌	Sun	2. 14	Sun	☍	Venus	0. 95
Asc.	☌	Venus	1. 89	Sun	☍	Mars	0. 94
Moon	☌	Asc.	1. 68	Mars	☍	Sun	0. 94
Moon	☍	Sun	1. 61	Mars	☌	Venus	0. 94
Moon	☌	Moon	1. 57	Venus	☍	Mars	0. 94
Venus	☍	Moon	1. 53	Asc.	☌	Moon	0. 93
Mars	☌	Moon	1. 50	Moon	☍	Moon	0. 93
Mars	☌	Asc.	1. 46	Desc.	☌	Moon	0. 92
Sun	☌	Mars	1. 44	Asc.	☌	Mars	0. 88
Venus	☌	Asc.	1. 39	Moon	☌	Venus	0. 85
Sun	☌	Asc.	1. 39	Mars	☍	Venus	0. 82
Mars	☌	Mars	1. 36	Moon	☌	Desc.	0. 81
Mars	☌	Desc.	1. 34	Asc.	☌	Desc.	0. 81
Desc.	☌	Venus	1. 34	Mars	☍	Moon	0. 81
Venus	☌	Desc.	1. 29	Desc.	☌	Mars	0. 75
Moon	☍	Mars	1. 16	Venus	☌	Moon	0. 75
Venus	☍	Venus	1. 14	Asc.	☌	Sun	0. 68
Venus	☌	Mars	1. 07	Mars	☌	Sun	0. 68

（续表）

相位			婚姻伴侣的相位频率占比	相位			婚姻伴侣的相位频率占比
女		男		女		男	
Venus	☌	Sun	1.06	Moon	☍	Venus	0.68
Moon	☌	Mars	1.05	Venus	☌	Venus	0.60
Sun	☌	Desc.	1.04	Sun	☍	Moon	0.59
Desc.	☌	Sun	1.02	Sun	☌	Venus	0.48
Asc.	☌	Asc.	1.01	Mars	☍	Mars	0.37
Venus	☍	Sun	0.96	Sun	☌	Sun	0.24
Sun	☌	Moon	0.95	Sun	☍	Sun	0.24

第一列由上至下依次为：

月亮合相太阳

上升合相金星

月亮合相上升

月亮对冲太阳

月亮合相月亮

金星对冲月亮

火星合相月亮

火星合相上升

太阳合相火星

金星合相上升

太阳合相上升

火星合相火星

火星合相下降

下降合相金星

金星合相下降

月亮对冲火星

金星对冲金星

金星合相火星

金星合相太阳

月亮合相火星

太阳合相下降

下降合相太阳

上升合相上升

金星对冲太阳

太阳合相月亮

第三列由上至下依次为：

太阳对冲金星

太阳对冲火星

火星对冲太阳

火星合相金星

金星对冲火星

上升合相月亮

月亮对冲月亮

下降合相月亮

上升合相火星

月亮合相金星

火星对冲金星

月亮合相下降

上升合相下降

火星对冲月亮

下降合相火星

金星合相月亮

上升合相太阳

火星合相太阳

月亮对冲金星

金星合相金星

太阳对冲月亮

太阳合相金星

火星对冲火星

太阳合相太阳

太阳对冲太阳

表格2中最吸引我们的是频率值的不平均分布。排名前七和末六的相位都展示了很强的分布，而排名中间的则集中于1∶1的比值范围。在展示一个特别的图表（数据2）之后，我会再次分析这一奇特的分布。

有趣的是，在婚姻和日月相位之间存在与星盘和炼金术的对应关系。

（女性）月亮合相（男性）太阳　2.14∶1

（女性）月亮对冲（男性）太阳　1.61∶1

然而没有任何迹象是突出金星、火星之间的相位关系的。

50个相位组合的研究结果显示：婚姻伴侣存在15种频率高于1∶1的配置，最高频值发现于上述的日月合相中，而次高的两个数值——1.89∶1和1.68∶1——与（女性）上升和（男性）金星或是（女性）月亮和（男性）上升的合相呼应，因此清晰地显示了上升的重要性。

针对这15个相位，与月亮有关的相位在女性中出现了4次，而只有6个月亮相位在其他35个可能的数值中出现。所有月亮相位的平均占比为1.24：1。与所有月亮相位的1.24：1相比，表格中引用的4个平均数值是1.74：1。男性的月亮似乎比女性的月亮更少被强调。

对于男性而言，相应的角色不是由太阳扮演的，而是上升、下降轴线。在表格2的前15个相位中，它们在男性中出现了6次，而在女性中只有2次。在上述案例中，与男性中其他天体形成的所有相位相比，即1.22：1，上升或是下降的平均数值是1.42：1。

数据2和3从相位分布的角度，展示了表格1第二列和第五列对应的频率。

这种排列方式使得我们不仅可以直观看到不同相位的出现频率分布，还能通过中位数快速评估每种相位出现频率的均值。然而，为了得到算术平均值，我们必须加总所有的相位频率，然后除以相位数量。沿着柱状图的一半就能找到中位数，即8.0，因为上面有50个方块，其中25个方块没有超过这个数值，而另外25个方块已经超过（参考数据2）。

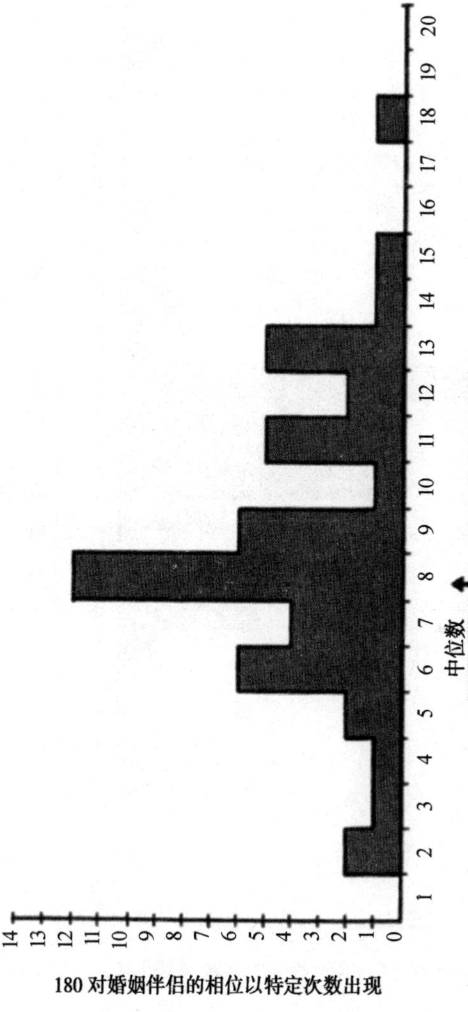

180 对婚姻伴侣的相位频率

数据 2

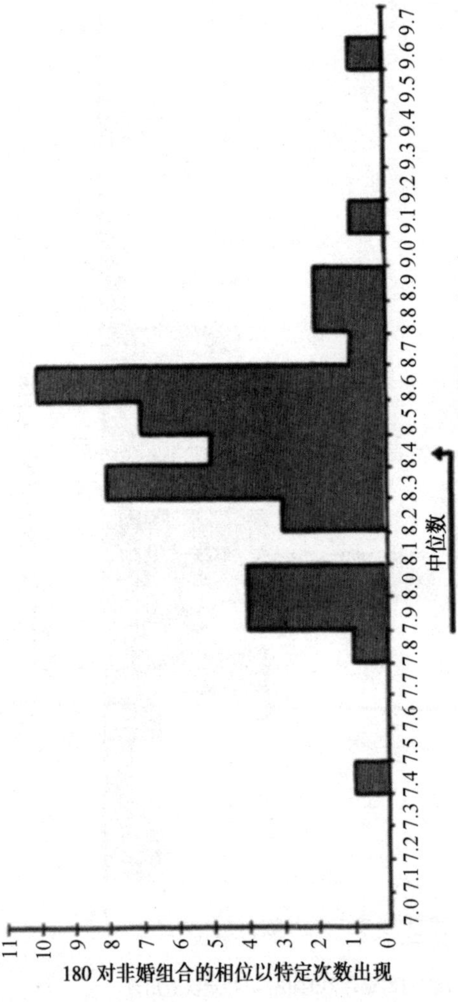

基于对 32220 对组合的观察，每 180 对非婚组合的相位频率

数据 3

对于婚姻伴侣来说，中位数是 8，但是与非婚组合结合来看，就是 8.4（参考数据 3）。非婚组合的中位数刚好与算术平均值一致，都是 8.4，而婚姻伴侣的中位数小于 8.4，因为组合数少。与集中在均值 8.4 的数据 3 形成鲜明对比的是，数据 2 展示了数值的广泛分布。非婚组合中没有一个相位频率是大于 9.6 的（参考数据 3），婚姻伴侣中相位频率甚至高达这一数值的两倍，即 18（参考数据 2）。

表格 3

第一批				第二批				第三批			
180 对婚姻伴侣				220 对婚姻伴侣				400 对婚姻伴侣			
Moon	☌	Sun	10. 0%	Moon	☌	Moon	10. 9%	Moon	☌	Moon	9. 2%
Asc.	☌	Venus	9. 4%	Mars	☍	Venus	7. 7%	Moon	☍	Sun	7. 0%
Moon	☌	Asc.	7. 7%	Venus	☌	Moon	7. 2%	Moon	☌	Sun	7. 0%
Moon	☌	Moon	7. 2%	Moon	☍	Sun	6. 8%	Mars	☌	Mars	6. 2%
Moon	☍	Sun	7. 2%	Moon	☍	Mars	6. 8%	Desc.	☌	Venus	6. 2%
Mars	☌	Moon	7. 2%	Desc.	☌	Mars	6. 8%	Moon	☍	Mars	6. 2%
Venus	☍	Moon	7. 2%	Desc.	☌	Venus	6. 3%	Mars	☌	Moon	6. 0%
Mars	☌	Mars	7. 2%	Moon	☍	Venus	6. 3%	Mars	☍	Venus	5. 7%
Mars	☌	Asc.	6. 6%	Venus	☌	Venus	6. 3%	Moon	☌	Asc.	5. 7%
Sun	☌	Mars	6. 6%	Sun	☍	Mars	5. 9%	Venus	☌	Desc.	5. 7%
Venus	☌	Desc.	6. 1%	Venus	☌	Desc.	5. 4%	Venus	☌	Moon	5. 5%

（续表）

第一批				第二批				第三批			
180 对婚姻伴侣				220 对婚姻伴侣				400 对婚姻伴侣			
Venus	♂	Asc.	6. 1%	Venus	♂	Mars	5. 4%	Desc.	♂	Mars	5. 2%
Mars	♂	Desc.	6. 1%	Sun	♂	Moon	5. 4%	Asc.	♂	Venus	5. 2%
Sun	♂	Asc.	6. 1%	Sun	♂	Sun	5. 4%	Sun	8	Mars	5. 2%

第一列由上至下依次为：

月亮合相太阳

上升合相金星

月亮合相上升

月亮合相月亮

月亮对冲太阳

火星合相月亮

金星对冲月亮

火星合相火星

火星合相上升

太阳合相火星

金星合相下降

金星合相上升

火星合相下降

太阳合相上升

第二列由上至下依次为：

月亮合相月亮

火星对冲金星

金星合相月亮

月亮对冲太阳

月亮对冲火星

下降合相火星

下降合相金星

月亮对冲金星

金星合相金星

太阳对冲火星

金星合相下降

金星合相火星

太阳合相月亮

太阳合相太阳

第三列由上至下依次为：

月亮合相月亮

月亮对冲太阳

月亮合相太阳

火星合相火星

下降合相金星

月亮对冲火星

火星合相月亮

火星对冲金星

月亮合相上升

金星合相下降

金星合相月亮

下降合相火星

上升合相金星

太阳对冲火星

所有资料的比对

在“数据2中的分布是源于随机概率”的推想中，通过将第一批的180对和第二批的220对夫妻资料结合，我研究了更多数量的夫妻星盘信息，由此得到总计400对伴侣（或者说800个星盘）的信息。结果在表格3中进行了展示，在此我只限于谈及超过中位数的最大数值，数值是以百分比呈现的。

第一列中的180对伴侣指的是收集上来的第一批资料，第二列中的220对伴侣指的则是一年多后再次收集的资料。第二列与第一列不仅相位不同，而且频率值存在显著下降。唯一的特例是第二列中第一组数据，代表经典的月亮合相月亮，替代了出现在第一列同样经典的月亮合相太阳。第一列的14组相位中，只有4组在第二列中再次出现，但是它们中有3组是与月亮有关的相位，这与星盘位置相符。第一列和第二列相位的不符显示了资料的极其不均等，即呈现广泛分布的形式。从400对夫妻的总体数据中可以看出：将分布调整之后，数值均有所下降。在表格4中这个现象更加明显，其中第三批资料加了进来。

表格4

频率百分比	月亮合相太阳	月亮合相月亮	月亮对冲太阳	平均
180对伴侣	10.0	7.2	7.2	8.1
220对夫妻	5.4	10.9	6.8	7.7
180+220=400对夫妻	7.0	9.2	7.0	7.7
额外的83对夫妻	7.2	4.8	4.8	5.6
83+400=483对夫妻	7.2	8.4	6.6	7.4

第一列由上至下依次为：

180 对夫妻

220 对夫妻

180+220=400 对夫妻

额外的 83 对夫妻

83+400=483 对夫妻

这个表格展示了三种最常出现的相位的频率值：2 个与月亮有关的合相，1 个与其有关的冲相。180 对原始夫妻的最高平均频率是 8. 1%，220 对后来收集和研究的伴侣降至 7. 7%，83 对最后加入的伴侣只有 5. 6%。在 180 和 220 对伴侣的那批资料中，拥有最高值的相位同样都是日月合相、月亮合相月亮，但是在 83 对伴侣的资料中结果却有不同，拥有最高值的相位是上升合相月亮、太阳合相金星、太阳合相火星及上升合相上升。这 4 个相位的最高平均频率是 8. 7%，超过了第一批资料的最高值 8. 1%，恰恰证明了我们的最初结果是多么幸运。值得一提的趣味发现是，正如我们之前所说的那样，最后一批资料的最大值是 9. 6%，呈现上升合相月亮的相位，也是与月亮有关的相位，而这是极具婚姻特征的。就像一个老天的玩笑，但是也很微妙，因为按照传统来说，上升点、太阳和月亮形成的三位一体，决定了一个人命运和性格。这让有的人想要篡改数据，以便他们可以安住在传统中——命运无法被创造更多，他们无法做得更好。

表格 5 展示了非婚组合的最高频率。

表格 5

300 对随机组合	7. 3
抽取获得的 325 对组合	6. 5
抽取获得的 400 对组合	6. 2
32220 对组合	5. 3

通过将男士和女士的星盘分开，然后将最上面的两对结合，我的同事 Liliane Frey-Rohn 博士获得最初的结果。在此过程中，我们特别查看以防原本的夫妻被恰巧配对。7. 3 的结果与 32220 对非婚组合可能出现的最高数值相比是很高的，而后者实际仅为 5. 3。这个结果在我看来有些值得怀疑。鉴于此，我建议配对工作不应由我们自主进行，而是按照以下方式开展：为 325 位男士的星盘编好号码，号码写在另外的纸条上，然后扔进一个罐子，使其充分混合。接着，由一个对星盘、心理甚至这项研究一无所知的人逐一抽取容器内的纸条，并且他是不能看的。每个号码与正好放在最上面的女士星盘组合。我们还是会特别查看以防原本

的夫妻被恰巧配对。按照这种方式，325 对非婚组合产生了。6. 5 的结果非常接近概率。400 对非婚组合产生的结果 6. 2 也是很高的。

基于对这些数字的好奇，我们又做了进一步的实验，其结果我在此尽可能简单提及，尽管在我看来，它为统计变量带来了光明。参与实验的有三个人，对她们的心理状态，我们有着清楚的认知。这个实验包含在从 400 个婚姻伴侣星盘中进行随机抽取，然后为其中的 200 个进行编号中。其中的 20 对由三位实验对象抽签选出。这 20 对婚姻伴侣的信息同样经过相位统计检验。第一位实验对象是位女患者，在实验期内，她感到自己处在激烈的情绪之中。她所抽取的星盘中，20 个与火星有关的相位中的至少 10 个被凸显，出现频率是 15. 0；9 个月亮相位被凸显，出现频率是 10. 0；9 个太阳相位被凸显，出现频率是 14. 0。火星的经典特质就是激烈的情绪表达，在这个案例中它与太阳相位共同被强调。就整体实验结果来看，抽取的星盘中火星相位占有主导地位，而这恰恰与实验对象当时的内心状态相应。

第二位实验对象是位有着压抑倾向、不敢表达自我的女患者。在这个案例中，与上升和下降轴线有关的相位出现了 12 次，出现频率是 20. 0，而这个轴线被公认为是与一个人的性格展现、自我表达有关。月亮相位的出现频率是 18.0。该结果与实验对象的实际问题完全吻合。

第三位实验对象是位有着强烈内在敌对情结的女士，内在的统一和妥协对她而言是个重要议题。实验过程中，月亮相位出现了 14 次，频率是 20.0；太阳相位出现了 12 次，频率是 15.0；与上升和下降轴线有关的相位出现了 9 次，频率是 14.0。经典的日月、阴阳、意识与潜意识的相合作为统合矛盾的标志被一再强调。

在所有上述案例中，随机抽取婚姻伴侣星盘信息的结果被证明受到某种影响，而这一影响恰好与我们经验中的“易经”、其他未卜先知的事物吻合。尽管所有数据都在概率之内，也不具备任何可被认作不是随机产生的特质。然而，它们的每次变化都与实验对象的内在状态惊人的一致，而这留给我们思考的空间。这种内在状态可被比作以下情形：对抗意志的潜意识外围有着一堵坚硬的围墙，于是内在生出一些洞察和决定以推倒围墙。意志力量的暂时让步形成了一种柔和的原型，在第一个案例中是激起情绪的“凶恶”火星，第二个案例中是与性格息息相关的上升、下降轴线的平衡，而在第三个案例中表现为两个极端的化合。内在状态和外在事件（在此表现为实验对象的问题和她们所抽的星盘）的吻合，结合原型的背景来看，可被视作一种共时现象。

因为并不十分了解高等数学，我于是不得不寻求专家的帮助。我请来自巴塞尔的 Markus Fierz 教授帮助计算所得最大数值的概率。他使用泊松分布算出前两个最大数值的概率是 1∶10000，第三个数值是 1∶1300。经过检查，他发现一处错误，纠正之后，前两个最大数值的概率升至 1∶1500。进一步检查之后，最终确认三个数值的概率分别为 1∶1000，1∶10000，1∶50。由此，我们可以清晰地看到，尽管最为鲜明的结果——日月合相和月月合相——在实践中很不可能发生，但是在理论上是如此可能发生，以至我们几乎没有什么理由认为统计结果不是随机出现的。举例来说，如果我接到电话的概率是 1∶1000，与其在电话前等，我很有可能会选择写信。我们的研究结果展示了不仅绝大多数婚姻伴侣的频率数值接近平均，而且任意随机组合都会产生类似的统计结果。以科学的角度来看，这一研究结果在某些方面对此研究并无利好，因为所有事情都在指向随着数量的增多，在婚姻伴侣和非婚组合之间存在相应相位的频率差异似乎也在消失。因此，从科学的视角出发，几乎无法证明这种现象遵从特定规律。与此同时，如果有人认为我的统计方法太过武断和笨拙，无法正确地评估难以计数的与婚姻有关的心理和面相，我也很难提出反驳的理由。

来自我们的统计的重要事实还有：第一批来自 180 对婚姻伴侣的星盘信息中，日月合相非常突出，其代表的最大数值是 18；就第二批 220 对婚姻伴侣而言，月月合相成为第一，其数值是 24。这两个相位在古老文献中长久以来被视作婚姻的指代，因此也是传统的化身。第三批 83 对婚姻伴侣就月亮合相上升这一相位产生的最大数值是 8。如前所述，这些数据的概率分别对应 1∶1000、1∶10000和 1∶50。下面，我想用一个例子直观展现它们代表的意义：

> 这有 3 个火柴盒。在第一个盒子里装入 1000 只黑蚂蚁，第二个装入 10000 只，第三个装入 50 只，同时在每个盒子中混入一只白蚂蚁。然后关上盒子，每个都钻上洞，小到一次只能容纳一只蚂蚁爬出。结果，每次最先爬出的总是那只白蚂蚁，三个盒子无一例外。

这种现象实际发生的几率极其微小。即使在前两个案例中，概率也是 1∶1000×10000，意味着这一巧合发生的机会相当于 10000000 桩里才有可能产生一桩。就任何人的经验来说，这种事情都极不可能发生。然而，在我的统计研究中，它发生了，三个被星盘传统一再强调的合相以一种极不可能的方式同时精确地显现。

精确起见，我们必须指出，并非每次都是同一只白蚂蚁率先爬出盒子。也就是说，尽管总是出现一个月亮和一个具有决定性意义的元素的经典合相，它们仍然是不同的合相，因为每回月亮都和不同的“伙伴”结合。它们当然都在三个重要的组合之中，分别对应上升，或是一个黄道星座的上升度数，代表此刻，月亮代表天，太阳代表出生月份。由此，如果我们只考虑前两批资料，那就需要假设每个盒子内有两只白蚂蚁。这一更新将相同的月亮合相的概率提高至 1∶2500000。如果加入第三批资料，3 个经典月亮相位同时出现的概率为 1∶62500000。第一个比例即使单独来看也是非常重要的信息，因为它展现了巧合出现的不可能性。但是第三个月亮合相的出现是如此值得注意，它就像是在刻意为星盘背书。如果要说我们的实验找到什么重要概率的话——而不仅仅是随机分布的结果——对星盘的检验将是其一。如果与之相对的，数值刚好在随机范围之内，那就不能支持星盘的论说，它们不过是恰巧回应了某种星盘期待，以统计的视角来看，是随机分配的结果。鉴于它们似乎也验证了某种期待这一事实，其结果仍然是有意义的。这就是我所说的共时现象。统计学上的重要论述只关注规律发生的事件，公允地来看，这样做等同于摒弃了所有规则之外的特例。它制造的是自然事件的中庸图景，而非真实图景——就像世界所呈现的那样。然而，特例与规则同等重要，而我的实验结果就是一种几乎不可能的特例。如果不考虑特例，统计学就没有任何意义。我们所在的是一个真实的世界，而不是统计学的世界，没有任何一种规则适用于所有情况。因为统计方法展示的只是中庸现象，它所带出的也是一个失真的、概念化的视角。这也是为什么我们需要一种互为补充的方法，以便获得对自然现象更为全面的描述和阐释。

如果我们现在回顾一下莱茵的实验，特别是有关实验中很大程度上涉及实验对象积极意志的部分，我们的实验所展现的就可以被看做一种共时现象。统计资料告诉我们这是一个在实践和理论层面几乎都不可能发生的结果，而它发生了，同时还和传统星盘学说惊人地相符。这种巧合的发生实在出人意料，乃至没人会大胆地做出类似的预测。看起来真的很像统计资料被人为篡改，以获得我们希望得到的结果。共时现象发生的必要情绪和原型背景都已存在，因为我的同事和我显然都对实验结果抱有强烈的兴趣，除此之外，共时性的问题在我脑海中盘踞已久。实际上发生的——似乎也是常常发生的，结合由来已久的传统来看，实验结果可能曾被历史多次验证。那些对统计结果非常在意、并因为科学眼光而怀疑自己解读结果的研究者（存在少数特例），在很久以前就已发现自己的论述建立在一个很不牢靠的基础之上。但是在我的脑海中，在我们中间，可能存在一种共有的神秘联结，可将物质世界和精神世界联系在一起。这种呼应就在那里，如同其他任何愉快的、让人厌烦的偶然事件一样。对我来说，这是否可被科学验证本就是件值得怀疑的事情。在 50 种可能性中，被传统认可的经典指向作为最大数值精确地出现了 3 次——一个人可能会被巧合愚弄，但要否认自己不为上述这个事实所动也是需要麻木到了一定程度才行。

冥冥之中，就像在为出人意料的实验结果增添更多分量一样，我们发现过程中存在一些无意造成的“迷局”。第一次算出统计结果之后，我就因为几处错误放缓步调，所幸及时发现。之前忘记说了，在本书的瑞士版中，有关蚂蚁的比喻部分需要设定每次分别对应 2—3 只白蚂蚁，方可适用于我们的实验，由此，实验结果的不可能性被大幅降低。接着，在第 11 个小时，Fierz 教授在再度检查他的概率算式时，发现自己被因子 5 蒙蔽了。实验结果的不可能性也因此再次被降低，虽然尚未到达能被称作“可能”的程度。这些错误无不在以一种对星盘利好的方式将我们的结果夸大，并充分使其展现出一种虚假、具有欺骗性的观感，而如果这种虚假是真的，会使相关人员无颜面对、三缄其口。

经验告诉我，自然发生的共时现象会以种种方式吸引观察者的注意，使其留意正在发生的一切，偶尔也会使其成为事件的“从犯”。这是所有超心理学实验隐含的风险。依赖实验人员和实验对象情绪方面的 ESP（超感知觉）现象就是其一。我因此认为给出对结果尽可能完善的说明是一种出于科学理念应尽的义务，并能以此展示统计资料和个体内在进程都受到共时现象的影响。吸取之前经验的教训，我这次非常谨慎，将原始说明（在本书的瑞士版中）提交给了 4 位称职的专业人士，其中 2 位都是数学家。我很快平复了自己的心情。

这里所做的更正并未对事实有任何影响，即最大频率数值伴随 3 个经典的月亮相位出现。

为了检验结果的随机性，我又做了一个统计实验。我打乱了这些资料之前的时间排序和分批（同样都是随机形成的），将前 150 对婚姻伴侣的信息与后 150 对颠倒次序、混合。我将第一对婚姻伴侣的信息放在了最后一对之上，将第二对放到了第一对之后、最后一对之上，以此类推。然后我将这 300 对婚姻伴侣分成 3 批，每批 100 对。结果如下：

	第一批	第二批	第三批
最大数值	没有相位 11%	太阳合相火星 11% 月亮合相月亮 11%	月亮合相上升 12%

第一批资料的结果非常有趣，因为就所选的50个相位而言，300对婚姻伴侣中只有15对没有任何共通相位。第二批中产生了两个最大值，而第二个数值再度指向经典的合相。第三批中的最大值来自月亮与上升的合相，而我们已经知道该相位代表第三个经典的合相。以上结果显示出不同形式下随机安排的组合仍然可以产出与之前不同的结果，即使这样，还是无法避免经典合相的一再出现。

*

我们的实验结果与经验中那些未卜先知的事物吻合。人们可能会有一种感觉，就是这些或是类似的方法创造了一种利于富有意义的巧合发生的条件。客观地说，验证共时现象是很困难的，甚至有时是不可能的。莱茵的研究成果，无可挑剔的实验资料，都让这种内在状态与外在现实的巧妙呼应更有理由受到重视。尽管统计方法普遍来讲极不适用于非同寻常的事件，莱茵的实验还是抵抗住了统计学的破坏性影响。由此，其实验结果必须在任何有关共时现象的评估中被纳入考量。

鉴于统计方法对共时性定量测定的影响，我们必须了解莱茵是如何成功获取积极结果的。我坚持认为如果他仅以单一或是少数实验对象为样本开展实验，将不可能获得现在的这份成果。他需要持续更新的样本，实验对象降低自我屏障的精神状态，而这对观察潜意识来说至关重要。唯有如此，空间和时间才能在一定程度上关联，从而降低实验的随机性。接下来发生的就像是creatio ex nihilo——一种无法随意辨明的、从无到有的创造。那些预言的有效性也和同样的与内在链接有关——通过触及深层意识，内在的兴趣、好奇、期待、希望和恐惧被唤醒，相应的潜意识印记被激活。在潜意识中发挥效用的（精神）媒介是原型。迄今为止，我有过机会观察和分析的绝大多数自然发生的共时现象，都明显地表现出和某种原型的直接关联。这是一种难以表述的、存在于集体潜意识中的心理活力因素。原型不能被同化，因为在每个个体中它不是完整统一的，不同地域也存在差异。你永远不能断定的是，某个个体潜意识深处发生的事，没有同时也在另外一个人或有机体或东西或某种情形中上演。举例来说，斯韦登伯格（Swedenborg）在头脑中产生火的意象时，一场真正的大火也在斯德哥尔摩能能燃烧，而这两者之间没有任何明显的或是可以想见的关联。我不是想证明这个案例中存在的原型关联，我只是希望在此指出在斯韦登伯格的传记中有着关于他精神状态的重要记录。我们必须设想那时他的意识门槛被降低了，而他也借此获得某种“真知”。发生在斯德哥尔摩的大火在某种意义上也在烤着他的意识。潜意识的时空开始产生关联，知识存在于时空交错之处，在此“空间”不是“空间”，“时间”也不是“时间”。如果潜意识进入意识，那么平行事件就很有可能被感知到。

和莱茵的研究相比，我的统计最大的劣势在于：整个实验实质上都是围绕一个实验对象开展的，那就是我。与众多不同的实验对象相对，是众多不同的实验资料在考验着我。因此，我坐在了实验对象的位置，由开始的兴致勃勃，到后来因为对 ESP 实验见怪不怪而重获平静。随着数量的增多，结果也在变质，在我的实验中体现为资料的数量和分批，这种量级的积累将最初的理想结果变得越来越模糊。我的最终实验也展示出将原始星盘信息的排序或分批打乱会产生不同的结果，虽然和预期相符，但其重要性并未凸显。

如果涉及的数量不是很大（比如医药领域），莱茵的实验规则值得推崇。研究者的兴趣和期待可能会在最初共时性地引发惊人的积极结果。只有对统计学中的自然法则不了解的人，才会将其解读为“奇迹”。

*

如果具有意义的巧合或是交叉互联的事件无法被轻易解释，那么互联法则一定与平行事件的重要性有关，这种说法听起来是合理的。也就是说，它们的共同因素是各自代表的意义。我们太过习惯于认同意义为一种心灵过程或内在状态，却从未想过它们可能也存在于心灵之外。不过我们至少知道不将心灵过程归因于任何奇幻力量，同时我们也很少会将任何奇幻力量归因于头脑意识。同样的（超越经验的）意义可能同时存在于人类心灵以及外在独立事件中，并以此彰显自身——一旦抱有这样的假设，我们很快就会陷入传统科学与认识论观点的矛盾之中。如果我们愿意了解这种假设，那就有必要反复提醒自己，对自然法则的统计学验证以及刨除所有非常规事件的统计方法可能带来一定的影响。最大的困难在于，我们没有任何科学手段来证明客观意义的存在，而它并非只是一种心灵产品。然而，如果我们没有退回到奇幻式的因果关系，并将其归因于一种远超已有经验认知的心灵力量，我们还是会被驱使着认同这样一种假设。如果希望抓住其中的因果关系，我们因此需要假定，既可能是斯韦登伯格的潜意识呈现了斯德哥尔摩的大火，也可能是相反的情况，即那次客观事件以一种不可思议的方式被激活，呼应了斯韦登伯格头脑中的画面。无论是哪种情况，我们都无法避免地会遇到之前讨论过的、难以作答的传递问题。这当然是一种主观认知，假设可能会更有意义。传统无法帮助我们在奇幻式因果关系及超越经验的意义之间做出抉择，一方面，原始心理总是将共时性解读为我们生活中的一种奇幻式因果关系，另一方面，直到 18 世纪哲学才提出在自然事件中存在一种秘密或是具有某种意义的联结。我偏向于后者，因为它不像前者那样与经验中的因果概念冲突，而可以被看做一种自成一格的法则。这让我们无需修改对自然法则的现有理解，只是扩展它的范围，只有最具信服力的理由可以辨明其中的缘由。我相信自己在前文中提供的线索所组成的论点值得深入的思考。在所有科学中，心理学不可能一直忽视这样的经验存在。且不论其哲学意涵，它们对于理解潜意识来说至关重要。

附录部分

以下内容是在 Fierz 教授的数学演算基础上经过编者整理而出的，Fierz 教授还为此提供了一个概要，这些无不展现着他对相关主题的想法。对数学或统计学感兴趣、并希望知晓文中数据是如何得出的读者，可以通过以下注解更好地了解。

荣格教授对合相和对分相的评估中，所有的容许度为 8°（参考第 2 页倒数第 2 段），因此对于两个天体之间的特殊关系，比如合相（日月合相），必须处在 16°的位置范围内。（因为唯一的关注焦点就是测量相位分布，为了方便，位置范围最终采用的是 15°。）

位于 360°的圆上的所有位置都拥有相同的概率。天体位于 15°的位置范围内的概率 α 等于

$$\alpha=\frac{15}{360}=\frac{1}{24} \tag{1}$$

概率 α 适用于所有相位。

如果在一对婚姻伴侣中出现特定相位的概率是 α，n 就是出现在 N 对婚姻伴侣中特定相位的数量。

运用泊松分布，我们得到：

$$W_n = \frac{n!}{n!\ (N-n)!} \alpha^n\ (1-\alpha)^{N-n} \tag{2}$$

为了得到 W_{n1} 的数值评估，（2）可被简化。结果出现错误，但并不重要。以泊松分布替换算式（2），简化结果为： $P_n = \frac{1}{n!} x^n \cdot e^{-x}$

如果 α 与 1 比很小，同时 x 有限，近似替换就是有效的。

在此基础上，可以得出以下数值结果：

（a）日月合相、月月合相，以及月亮和上升的合相同时出现的概率为：

$$\alpha^3 = \left(\frac{1}{24}\right)^3 \sim \frac{1}{10000}$$

（b）在三批资料中，P 代表的最大数值概率为：

180 对婚姻伴侣中的 18 个相位，$P=1:1000$

220 对婚姻伴侣中的 24 个相位，$P=1:10000$

83 对婚姻伴侣中的 8 个相位，$P=1:50$

注解：

1. 如需全面的说明，可以参阅 Max Knoll 的文章《当代科学变革》（*Transformation of Science of Our Age*），该文刊登于《人与时

间》（*Man and Time*）。

2. 可参考 K.E.Krafft 及其他人的统计结果，可见于 *Le Premier Traite d'astrobiologie* 23 页之后及引用部分。

3. 尽管包括三分、六分和刑克在内的相位，上、下中天都应纳入考量，我还是在此忽略了这些因素，以免过度复杂。最关键的不是与婚姻有关的相位是什么，而是它们是否可以在星盘中被检测到。

4. 数据 1（见第 2 页）清晰展现了在研究 180 对夫妻资料时所产生的 50 个不同的相位组合。

5. 原书编者注：在这种情况下产生了一个粗略的对照组。它的价值将体现在远远大于婚姻伴侣的配对组合数量：32220 对比 180。这就有可能帮助我们展现 180 对婚姻伴侣的机会属性。当假设所有的数据源于随机概率，我们期望能在较大范围内看到更加精确的结果，因而将其锁定在较小范围内。所以，180 对婚姻伴侣的范围是 18−2=16，而 180 对非婚配对组合则是 9.6−7.4=2.2。

6. 原书编者注：见第 2 页倒数第 2 段，9.6%=83 对婚姻伴侣中的 8 个此类相位，还可参考第 16 页第 2 段和附录（b）。

7. 以下事件可以说明这些现象会有多么微妙：我的同事最近需要为一场晚宴安排客人的坐席。她小心翼翼地安排。结果当晚，一位极其尊贵的客人出其不意地出现在晚宴上。这是一位必须妥当安排的贵宾，然而，所有的摆桌必须推倒重来，一个新的计划需要快速出炉，没有时间仔细斟酌。当我们坐在桌旁，以下这幅图景自然浮现：

女士 ☾ in ♌	女士 ☉ in ♓	贵客 ☉ in ♉	女士 ☉ in ♓
女士 ☉ in ♌	女士 ☾ in ♓	男士 ☾ in ♉	女士 ☾ in ♓

第一行由左至右依次为：月亮在狮子、太阳在双鱼、太阳在金牛、太阳在双鱼；

第二行由左至右依次为：太阳在狮子、月亮在双鱼、月亮在金牛、月亮在双鱼；

4个日月合相由此产生。我的同事当然是懂行的，她也非常熟悉那位贵客的星座。因为必须快速敲定座位，她根本没有时间思考，结果在无形的推动下，竟然排出4个合相的邻座。

8. 炼金术中太阳和月亮的结合，可参考《心理和炼金术》（*Psychology and Alchemy*）索引部分，在“Sol和Luna”词条之下。

8a. 原书编者注：可参阅后文第XX—XX段（原著989—991段）。

9. Fierz教授希望将此句更正为：“之后，他叫我注意三个相位的顺序未被纳入考量这一事实。因为存在6种可能的排序，我们需要将概率乘以6，得出1：1500。”对此，我的回应是，我从未提过任何相关要求，因为顺序，即3个合相跟随彼此的方式，对于实验来说根本就不重要。

10. 编者注：参考附录（b）。此段已经过重写，以将Fierz教授的3套概率全都包括在内。

11. 可参考G. Schmiedler的文章《Rorschach研究展现的性格与ESP（超感知觉）的关联》。作者指出那些接受ESP可能性的人得到高于预期的结果，而那些拒绝的人得到的是负面结果。

12. 正如数据所展示的，随着统计数量的增多，实验结果也在变得越来越模糊。所以，如有更多的资料被包括进来，结果很有可能发生变化。因此现在这种独特的状况还是让人满意的，尽管其独特性对现实全然没有影响。

13. 在此我指的是随机抽取的实验对象，而不是选择某个具有独特天赋的个体。

14. 可参考《论灵魂的本质》（*On the Nature of the Psyche*）第417段。

15. 这个案例已被验证，可参考康德《鬼魂目击者之形而上释梦》（*Dreams of a Spirit-Seer, Illustrated by Dreams of Metaphysics*）中的

论述。

16. 可参考 G. Spencer Brown 有趣的思考："De la recherche psychique consideree comme un test de la theorie des probabilites."

译者注 1：1930 年，美国学者莱茵（J.B.Rhine）博士在杜克大学超心理学实验室，用 25 张 ESP 卡（不同形状图样的卡片）进行双盲性实验，共进行了 85000 余次观测，发现被测试者的成功概率远远大于随机概率，以此证明透视是存在的。

译者注 2：斯韦登伯格（Swedenborg）是一位瑞典科学家、哲学家、基督教神秘主义者和神学家。他所著的《灵界记闻》厚达 8 大册数千页，并以此闻名于世。1741 年他进入一个精神相中，并于 1759 年在瑞典哥森堡感应到了发生在斯德哥尔摩的重大火灾。

第三章　共时性概念的前身

因果论认为事物之间原因和结果的联系是必需的。共时性原理认为有意义的巧合的事件通过同时性和道两方面相连接。所以如果我们认为ESP实验和大量其他观察结果为已成立的事实，我们必须得出这样一种结论，即除了原因和结果之间的联系之外，自然界中还存在另一种在事件的安排中表现自己的因素，这在我们看来即为道。尽管道是一个拟人化的解读，但其却形成了一种对共时性的不可或缺的评判标准。那种被我们视为“道”的因素其自身的含义我们无从得知。然而，作为一个假设，它却并非如初看起来所表现的那般不切实际。我们需谨记西方的理性主义态度并非唯一可能的解释且并非包罗万象，在许多方面却是一个或许应视作应该被纠正的成见及偏见。中国的古文化在这方面的观点始终与我们大相径庭，如果我们想要在我们的文明中找寻一些相似之处，我们需要追溯到赫拉克利特时期，至少在哲学方面。只有在星盘研究、炼金术及占卜的程序中，我们与中国的文化观念之间才不存在原则上的差异。这也是为何东方和西方的炼金术长期以来可以平行发展的原因，同时也是其在这两种环境下带着或多或少相同的理念向同一个目标跃进的原因。[1]

中国哲学中最古老且最核心的思想之一即为道，耶稣会士将其翻译为“上帝”。但这仅在西方式思维方式中方显正确。其他如“天意”或类似的翻译，仅为临时的权宜之计。卫礼贤巧妙地将其解读为“道”。[2] 道家的观念贯穿了中国全部的哲学思想。在我们看来，因果原理现在占据了至高的位置，但其仅在过去的两个世纪中才体现出其重要性，这一方面得益于统计学方法的影响，另一方面得益于自然科学所取得的前所未有的成就，二者令形而上学的世界观名誉扫地。

老子在其名著《道德经》中对道给予了如下描述：[3]

有物混成，

先天地生。

---

① 参阅《心理学与炼金术》（*Psychology and Alchemy*），第 453 段及《墨丘利精神》（*The Spirit Mercurius*），第 273 段以及魏伯阳的《周易参同契》（*the doctrine of chen-yen*）［“Phil.Tree”］，第 432 段起，及《神秘物质》（*Mysterium*），第 490 段及《庄子》。

② 荣格：《金花的秘密》（*Commentary on The Secret of the Golden Flower*），第 28 段，及 Wilhelm，Chinesische Lebensweicheit。

③ 阿涩·瓦利翻译的《道德经》（*The Way and Its Power*）的引文，带有随机的微小的改动以适应卫礼贤的阅读。

寂兮寥兮，

独立而不改，

周行而不殆，

可以为天地母。

吾不知其名，

强字之曰：道，

强为之名曰：大。

［《道德经》第二十五章］

道家思想中"衣养万物而不为主"（《道德经》第三十四章），老子将其称为"虚无"[①]；卫礼贤将其解读为，只是"现实世界的对比"。老子将其本质描述为：

三十辐共一毂，

当其无，有车之用。

埏埴以为器，

当其无，有器之用。

① 道家思想是因随遇而安，Andreas Speiser 将其定义为"纯虚无"（"Über die Freiheit"）。

凿户牖以为室，

当其无，有室之用。

故有之以为利，无之以为用。

[《道德经》第十一章]

“虚无”显然就是“道”或“意志”，且只因其未曾出现在感官世界中却只是它的组建者，才被称为虚无。[1] 老子说：

视之不见，

名曰夷；

听之不闻，

名曰希；

搏之不得，

名曰微。

是谓无状之状，

无物之象，

是谓惚恍。

① 《中华智慧》，第15页：“道与现实之间的关系在因果关系的范畴下不成立。”

迎之不见其首，

随之不见其后。

［《道德经》第十四章］

卫礼贤将其描述为“位于表象世界的极端边缘的边界概念”。在这里面，一切对立的“在无分别中消除了”，但依然可能存在。他接着表示，“这些种子首先指向某些可见之物，如某些景象；其次指向可闻之物，如某些词语；再次指向空间的扩展，如某些具有形态之物。但这三种事物并非清晰可辨且可界定，他们是一个非空间且非时间的统一体，无上无下无前无后”。《道德经》里说：

惚兮恍兮，

其中有象；

恍兮惚兮，

其中有物；

窈兮冥兮，

其中有精。

［《道德经》第二十一章］

卫礼贤认为，现实从概念上来讲是可知的，因为根据中国传统观点，万物中存在一种潜在的“合理性”[①]。这是有意义的巧合的基本观念：鉴于双方具有同样的意义，因此这是有可能的。在道占上风的情况下，秩序便形成了：

道常无名，朴。
虽小，
天下莫能臣。
侯王若能守之，
万物将自宾。
天地相合，
以降甘露，民莫之令而自均。

[《道德经》第三十二章]

道常无为而无不为。

[《道德经》第三十七章]

天网恢恢，
疏而不失。

[《道德经》第七十三章]

---

① 出处同 104 页注解，第 19 页。

庄子（与柏拉图同时代）阐述了道的心理学前提："自我与非我不再对立的状态被称为道家的中心思想。"[1] 庄子认为"当你只着眼于存在的一小部分上时，道家思想就显得复杂难懂"[2]，抑或"局限性最初在生命中并不存在。最初，词句没有固定的意义。只有主观地看待事物，差异才会显现"[3]。这听起来就像是对我们科学世界观的批判。庄子说，古代圣贤"将事物的存在尚未开始的状态视作他们的起始点。这确实是你无法达到的极限。下一个假设是，尽管事物存在着，他们却尚未开始分离。接下来，尽管事物在某种意义上已分离，下一个肯定或否定却尚未开始。当肯定和否定产生的时候，道便会衰亡。道衰亡之后，便有了执着"[4]。"外在的听力不应穿透耳朵的承受能力；思维能力也不应寻求一个独立的存在，如此一来心才能静下来，并吸收整个世界。是道将心填满。"庄子说：如果你具有洞察力，"你可以用你内在的视觉和听觉，去感知事物的本质，不需要任何智力知识"[5]。这很明显是暗指潜意识的绝对知识以及宏观事物在微观事物中的存在。

---

① 真实描述南方花地的书籍，R.威廉（R.Wilhelm）翻译，II，3。

② 出处同上，II，3。

③ II，7。

④ II，5。

⑤ IV，1。

这种道家的观点是典型的中式思维。也是中国心理领域著名的权威人士葛兰言（Marcel Granet）[①] 时常提到的“一种基于整体的思维”。这种特性在与中国人的普通交谈中即可体现出来：在我们看来关于一些细节的十分直接且明确的问题，往往能够唤起中国的思想家给出一些意想不到的复杂答案，就如同你向他索要一缕青草，却得到一片草原。对我们来说，细节就其自身而言是十分重要的；就东方思想而言，细节总是使整体变得完整。就这种总体性而言，在原始社会或中世纪中，科学发展以前的哲学（至今仍鲜活存在!）包含似乎仅在“偶然”情况下彼此相联系的事物，机缘巧合之下其意义便显得具有完全的随意性。这也是中世纪的自然哲学家提出的对应（correspondentia）[②] 原理流行起来的根源，特别是“万物的共感”（sympathy of all things）中的古典思想。希波克拉底（Hippocrates）说过：有一种共同的流动，一种共同的呼吸，万物均处在共感之中。整个生物体及其各组成部分为

① 《中国思想》以及莉莉·阿见格的《东亚思想》（*The mind of East Asia*）。后者包含大量中国人共时性心理的内容。

② W.Pauli 教授欣然将我的注意力引到 Niels Bohr 用“correspondence”表示不连续体（微粒）与连续体（波）之间的关系。最初（1913—1918）他将其称为“对应原理”（principle of correspondence），后来（1927）它被阐述为“对应论”（argument of correspondence）。

了相同的目的协调运转……这一重要原理延伸至最极端的部分，且从最极端的部分又回到这个重要原理，回到一的自然、存在及非存在。①

宇宙法则即使在最微小的微粒中依然存在，因而也与整体相应。

基于这种联系，斐洛（Philo，前 25—42）提出了这样一个有趣的观点：

上帝最初一心要以亲密与爱统一万物的始终，天堂为始，人类为终，前者是不朽的感知对象的最完美的诠释，后者是尘世中易毁灭之物的最崇高的形式，实际上，是一个天堂的缩影。他自身承载了神圣的形象与自然的馈赠……鉴于必朽坏的和不朽坏的就其本性而言是相互对立的，神将两者中最适宜的置于起始和结尾处，即天堂为始（如我前面所述），人类为终。②

这一重要原理或称为起始、天堂的概念，被灌输进微观世界的人类思想中，人类反映了一种星型性质的自然，从而作为创世的尾声和其中最微小的一部分，包含全部。

---

① De alimento，希波克拉底的一篇短文。由 John Precope 翻译，《饮食与卫生》(*Diet and Hygiene*)，第 174 页，经修改。

② De opificio mundi，82（由 F.H. Colson 和 G.H.Whitaker 翻译，I，第 67 页）。

根据泰奥弗拉斯托斯（Theophrastus，前371—前288）的理论，超感官和感官由一种群体的纽带联系起来。这种纽带不可能是数学，所以想必一定是神。① 类似地，在普罗提诺（Plotinus）看来，宇宙灵魂中的个人灵魂因共感和反感而彼此之间产生联系，无论距离如何。② 相似的观点也可见于米兰多拉（Pico della Mirandola）的理论中：

> 首先，事物之间存在一种统一性，因此每件事都与其自身相一致、由其自身构成且与自身相协调。其次，存在另外一种统一性，从而一种生物得以与其他生物相合，且世界上的所有组成部分共同构成了一个世界。再次同样也是最重要的（统一性），使得整个宇宙与其创造者为一，如同一支军队与其指挥官。③

---

① 《希腊哲学家》爱德华·蔡勒，II，第2部分，第654页。

② 《九章集》（Enneads），IV，3，8及4，32（A.C.H.德鲁兹、普罗提诺及古老世界观的衰败，第179页）。

③ Heptaplus, VI, prooem., Opera omnia，第40页起（"Est enim primum ea in rebus unitas, qua unumquodque sibi unum sibique constat atque cohaeret. Est ea secondo, per quam altera alteri creatura unitur, et per quam demum omnes mundi partes unus sunt mundus. Tertia atque omnium principalissima est, qua totum universum cum suo opifice quasi exercitus cum suo duce est unum."）

通过这种三重统一性，米兰多拉归结出一种含有三个方面且类似于三位一体的简单的统一性；“以三重特性为特征，但以一种免于从统一性的简单性中脱离的方式。”① 对他来说世界是一体的，一个可见的神，在这里面世间万物从最初开始就自然而然地得到安排，如同生命有机体的各部分。世界以神的奥秘之体（corpus mysticum）的形式存在，就如同教堂是耶稣基督的奥秘之体，抑或是如同一支军纪严明的军队可被视为指挥官手中的利剑。认为所有事物都是按照神的意愿安排的观点，很大程度上否定了因果关系。就如同在一个生命体中不同的部分协调运转且有目的性的相互调整适应，世间的事件也保持着一种有意义的关系，这种关系无法从任何内在的因果关系中衍生出来。其原因在于无论在何种情况下每一部分的行为都取决于一个比它们更高级的中心控制系统。

在其论文 *De hominis dignitate* 中，米兰多拉提到：“圣父将万物的种子及原始生命的萌芽在人类诞生之时植入其生命。”② 正如神是世界的“介体”，所以，存在于被造世界中的，是人类。“我们

① “unitas ita ternario distincta，ut ab unitatis simplicitate non discedat.”

② Opera omnia，第 315 页。（“Nascenti homini omnifaria semina et origenae vitae germina indidit pater.”）

要照着我们的形象造人，使其成为非第四世界或任何类似新自然之物，而是三个世界的融合及综合（天外世界、天上世界及地上世界）。”[①] 在肉体与精神上人类是微观世界中“微小的世界之神”。[②] 因此，像神一样，人类也是万事之中心，且万物均以其为核心。[③] 这对现代思想来说，是全然陌生的一种观念，且在几代人之前一直在人类的世界蓝图中处于支配地位，直到自然科学证明了人类对自然的从属性及其对因的极端依赖。事件与意义之间关联性的观点已被深深摒弃，以至于现代理智对其完全无处可寻。叔本华（Schopenhauer）在这种观点形成了莱布尼兹（Leibniz）的科学解释中的主要论点之一之后，才略显迟缓地将其记起。

鉴于人类的微观本质，人类是苍穹或者说是宏观世界的产物。密特拉教的新成员在礼拜仪式中宣称道：“我是与你一同穿梭于天

① Heptaplus, V, vi, ibid., 第 38 页。“Faciamus hominem ad imaginem nostrum, qui non tam quartus est mundus, quasi nova aliqua natura, quam trium (mundus supercoelestis, coelestis, sublunaris) complexus et colligatio.”

② “神……鉴于人类与其形象及其在形态上的相似性，将人类置于［世界的］中心”（“Deus ...hominem in medio［mundi］statuit ad imaginem suam et similitudinem formarum”）.

③ 米兰多拉的学说是中世纪的对应理论的典型例证。宇宙论中的一些优秀的对应性原理可见于 Alfons Rosenberg, Zeichen am Himmel: Das Weltbild der Astrologie.

际的星辰”。[①] 在炼金术中，微观世界与圆孔（rotundum）具有相同的重要意义，圆孔是自索西莫斯（Zosimos of Panopolis）时代以来最盛行的符号，同时还被称作单子（Monad）。

人类的灵魂和肉体共同构成了一个整体的观点，希波克拉底的 **οὐλομελίη**，“宇宙原理”在一个微观世界或最小部分被完整呈现出来，同时也表现了阿格里帕（Agrippa von Nettesheim）的思想。他认为：这是所有柏拉图主义者一致同意的观点，在原型世界中，万物皆归于统一；所以在这个物质世界中，万物以不同的方式，依据其各自可以接纳的本质，同样归于统一。因此这些元素不仅存在于较低等级的形态中，也存在于天堂、星辰、恶魔、天使并最终存在于作为万物的原型及创造者的神之中。[②]

古人曾说：“万物皆充满了神。”[③] 这些神指的是“弥漫在万

---

① Albrecht Dieterich, Eine Mithrasliturgie，第 9 页。

② Henricus Cornelius Agrippa von Nettesheim, De occulta philosophia Libri tres, I, viii, 第 12 页。由“J. F.”翻译为三本《神秘哲学》(*Occult Philosophy*) 书籍(1651 年版)，第 20 页；W.F. Whitehead 编辑再版，第 55 页。[J.F.翻译版中的引用有少量修改—翻译] (”Est Platonicorum omnium unanimis sentential quemadmodum i archetype mundo omnia sunt in omnibus, ita etiam in hoc corporeo mundo, omnia in omnibus esse, modis tamen diversis, pro natura videlicet suscipientium: sic et elementa non solum sunt in istis inferioribus, sed in coelis, in stellis, in daemonibus, in angelis, in ipso denique omnium opifice et archetypo.”)

③ “Omna plena diis esse.”

物中的神圣之力。"[1] 琐罗亚斯德（Zoroaster）将其称为"神圣的诱惑"[2]，辛尼修斯（Synesius）将其称为"象征性诱惑"[3]。后者的解读与现代心理学中原型投射的观点十分相似，尽管从辛尼修斯的时代直到最近都不存在认识论的批判，更不用说其最新的形式，即心理批判了。阿格里帕与柏拉图主义者分享了这样一种观点即"在较低级的形态中存在一种特殊的美德，使得它们在很大程度上与较高级的形态产生认同"，因此，动物便与"神圣之躯"（例如星辰）产生了联系并对它们产生了影响。[4] 他引用维吉尔的话："就我而言，我不认为它们（白嘴鸦）被赋予了神圣之灵或者具有比神谕更伟大的对事物的预知。"[5]

因此，阿格里帕提出在生命有机体中存在一种先天的"知识"

---

① "virtutes divinae in rebus diffusae".

② "divinae illices".

③ "symbolicae illecebrae." ［J. F. 最初的版本，第 32 页；Whitehead 版，第 69 页—翻译］阿格里帕此处的理论基于 Marsilio Ficino 的翻译（Auctores Platonici，II，vo）。辛尼修斯（Opuscula，Nicolaus Terzaghi 编辑，第 148 页），的部分，源自，"激发、迷住、迷惑"。

④ De occulta philosophia，I，iv，第 69 页（J.F.版，第 117 页；Whitehead 版，第 169 页。）与 Paracelsus 相似。

⑤ "Haud equidem credo，quia sit divinius illis Ingenium aut rerum fato prudentia maior."—Georgics，I，415f.

或“感知”，这种观点在我们的时代在汉斯·德里施（Hans Driesch）的观点中重现。不管我们喜欢与否，一旦我们开始认真思考生物的认识过程，或者开始研究潜意识的补偿功能，更不用说试图解释共时性现象，我们便会发现我们正处于一种令人尴尬的境地。无论怎样以我们的意愿曲解最终的结果，都显示了某种对事物的预知。当然，这并非是一种可与自我意识相联系的认识，因此也不是一种我们已知的有意识的认识，而是一种我称之为[1]绝对认识的自存的“潜意识”认识。这并非一种认知，而是被莱布尼兹出色地称为“感知”，或者更确切地说是看起来，包括无主题的“模拟”图像。这些假定的图像也许与我的原型相同，可以以潜意识的幻想产物表现出来。用现在语言来解读，包含“所有创造物的图像”的微观世界被称为集体潜意识。阿格里帕与炼金术士分享的宇宙之魂（[2]spiritus mundi）ligamentum animae et corporis，the quinta essentia……可能意味着我们称为潜意识的东西。[3]“穿透万物”或是塑造

---

① Die “Seele” als elementarer Naturfaktor，第 80、82 页。

② Cf. supra,"On the Nature of the Psyche",第 392 段起。

③ 阿格里帕说(op.cit.,I,xiv,第 29 页；J.F.版,第 33 页；Whitehead 版，第 70 页)：“我们称之为第五元素：因为它不是来自于前四种元素，而是一种特殊的第五元素，存在于它们之上且有别于它们。”(“Quoddam quintum super illa [elementa] aut praeter illa subsistens.”)

万物的精神，便是世界的灵魂（World Soul）：“世界的灵魂因此是一种特定的至一存在，遍布万物，赋予万物，将万物结合起来，形成了世界的一个构架……”① 因此，这种精神力量格外强大的事物具有一种“引起其同类”② 的倾向，换句话说，即产生对应性或有意义的巧合。阿格里帕基于数字③ 1 至 12，列出了一长串这种对应性。一种与其类似但更有炼金术特性的对应性列表可见于④ Aegidius de Vadis⑤ 的一篇论文中。这里面我只想提到 scala unitatis，因为从符号的历史的角度来看，它显得格外有趣：“Yod（四字神名

---

① II，lvii，第 203 页（J.F.版，第 331 页）：“Est itaque anima mundi, vita quaedam unica omnia Replens, omnia perfundens, omnia colligens et connectens, ut unam reddat totius mundi machinam...”

② 出处同上：“... potentius perfectiusque agunt, tum etiam promptius generant sibi simile.”

③ 动物学家 A.C.Hardy 得出了相似的结论：“如果一些类似于心灵感应的事物——毫无疑问是潜意识——被证实是在构建一个种族成员的行为模式过程中的一个因素，或许我们关于进化的观点将会改变。如果存在某种非意识群体行为，分布于种族个体之间且将他们联系在一起，我们或许会发现我们自身回到了某种类似于 Samuel Butler 的潜意识种族记忆的观点之中，但却基于一个群体而非个人。”“超感知觉的科学证据”（The Scientific Evidence for Extra-Sensory Perception），取自 Discovery，X，328，Soal 引用，参阅。

④ Op.cit., II, iv—xiv.

⑤ “Dialogus inter naturam et filium philosophiae.” Theatrum chemicum, II (1602)，第 123 页。

的第一个字母）—anima mundi—sol—lapis—philosophorum—cor—Lucifer。”① 这是建立一种原型层级的一种尝试，且在此方向上的倾向可以体现在潜意识中。②

阿格里帕是比较年长的与泰奥弗拉斯托斯·帕拉赛尔苏斯（Theophrastus Paracelsus）同时代的人，且被认为对其产生了巨大的影响。③ 所以如果帕拉赛尔苏斯的思想充满了对应观点，也就显得不足为奇了。他说道：

> 如果一个人想要避免误入歧途而成为一名哲学家，他必须将天与地视为一个微观世界从而建立其哲学基础，且不能存在丝毫差错。因此，如果一个人想要建立其医学基础，也必须杜绝一切微小的错误，且必须从微观世界中进行宇宙万物的变革，以至于哲学家在宇宙万物中无法找到其在人类中亦无法找到的事物，且医师在人类中无法找到宇宙万物所不具备的事物。这两种情况仅在外在表现形式中相异，其实这

---

① 阿格里帕引用，op.cit.，II，iv，第 104 页（J.F.版，第 176 页）。

② Aniela Jaffé，“Bilder und Symbole aus E. T. A. Hoffmann ’ s Märchen ’ Der goldene Topf，’ ”及 Marie—Louise von Franz，”Die Passio Perpetuae”.

③《炼金术研究》（Alchemical Studies），索引，s.v.“阿格里帕”。

两种情况所指的是一件事。[1]

《评论书》(*Paragranum*)[2] 里面有许多突出的关于医师的心理学评论:

> 鉴于这个原因,(我们假设)并非四个,而是一个奥秘,然而,四个方形,如同面向四个方向的塔。一座塔可能缺少转角,医师所缺少的可能某一部分……同时,(通过)蛋壳中的鸡蛋以及存在于其中的小鸡实体,他知道世界是如何被象征的。所以世界以及人类中的一切定隐藏于医师之中。就如同母鸡,在其孵蛋的过程中,将蛋壳中预示的世界转化成小鸡,所以炼金术将存在于医师中的哲学的奥秘带向成熟……这里是一些没有正确理解医师的人所犯的错误。[3]

---

① Das Buch Paragranum, Franz Strunz 编辑,第 35f 页。与 Sämtliche Werke 中的 Labyrinthus Medicorum 中的内容十分相似,Sudhoff 编辑,XI,第 204 页起。

② Strunz 版,第 34 页。

③ 与 Jakob Böhme 的《万物的特征》(*The Signature of All Things*)的观点类似,John Ellistone 翻译,第 10 页:"人类确实具有三个世界中的所有形态,因其是神或万物存在的完整图像……"(Signatura rerum,I,7.)

对于炼金术的意义我已在我的《心理学与炼金术》（*Psychology and Alchemy*）中描述了一些细节。

约翰尼斯·开普勒（Johannes Kepler）有着十分相似的思想。他在他的《第三方调解》（1610）中写道：[①]

> 根据亚里士多德的学说，这（即，基于物质世界的几何原理）也是将较低级的世界与天堂连接并统一起来的最坚固纽带，于是它所有的形态均由上天来管控；因为在较低级的世界中，也就是地球，存在一个固有的精神实质，可以解决几何问题。在神的启示下，理智变得活跃起来并刺激其自身通过几何性质的和谐的圣光组合运用其力量。所有的植物及动物以及地球本身是否具有这种能力我不得而知。但这并不是一件令人难以置信的事情……因为，在世间万物中（例如，花朵具有确定的颜色、形态及花瓣数量这一事实）是神圣的本能在起着所用，而绝非人类自身的智力。同样的，人类通过其精神及其较低级的能力，对上天有一种如同对地球的土地亲和一般的喜好，这一点可以用多种方式加以测试和验证。[②]

① Opera omnia，C. Frisch 编辑，I，第 605 页起。

② 出处同上，第 64 页。

就星盘“特质”而言，例如，星盘共时性，开普勒讲道：

> 这个特质身体是接受不了的，实在是不够资格，而是进入起到节点作用的精神实质之中（因为这个原因它可以被转化为光线汇合处的节点）。这（精神实质）不仅构成了它们的原因（基于这个原因我们人类被认为比其他生物更为理性），同时也具有其他内在的原因（使其）无需长时间学习也能够即刻理解声和光中的几何学原理，也就是音乐中的几何学。①

第三，另一个不可思议之事是，接受这种特质的自然同时还会在家庭亲属的星座中引起一种特殊的对应性。当一名怀孕的母亲的预产期临近的时候，因上天的缘故，大自然选择了一个与这位母亲的兄弟或父亲的相对应的出生日期和时间，这也就是在星座上相合。

第四，每种实质不仅十分了解其上天赐予的特质，同时也十分了解上天的结构及每一天的运行过程，如一颗行星将移动至其

① 第 65 号。

characteris ascendentem 或 loca praecipua，尤其是在分娩时①，它就会做出回应，从而以多种方式受到影响和刺激。②

开普勒认为不可思议的对应性的奥秘可以在地球中被发现，地球因灵气而变得鲜活，他引证了一系列证据以证明其存在。在这其中：地表之下恒定的温度；大地之魂具有的可以产生金属、矿藏和化石的名为 facultas formatrix 的特有力量，这与子宫类似，且可以在地球内部产生仅能在外部产生的船舶、鱼类、国王、教皇、僧侣、士兵等；③ 还有几何学的实践，产生了五个几何体及水晶中的六角图形。地球灵气从一种原始冲动中获取所有这些形式，独立于人类的反思和推理。④

---

① 如果“in die”被翻译为德语，［“in die Natalitia”］=“诞生时就在此［首要位置］”。The Gesammelte Werke，M. Caspar 和 F. Hammer 编辑，IV，第 211 页，如果“in die”被翻译为拉丁语，“in die Natalitio”=“在出生之日”。

② 第 68 号。

③ 参见下面提到的梦。

④ 开普勒，Opera，Frisch 编辑，V，第 254 页；及 II，第 270 页起以及 VI，第 178 页起。“…formatrix facultas est in visceribus terrae，quae feminae praegnantis more occursantes foris res humanas veluti eas videret，in fissibilibus lapidibus exprimit，ut militum，monachorum，pontificum，regum et quidquid in ore hominum est…”

星盘共时性不存在于行星中而是存在于地球中;① 不存在于事物中，而是在 anima telluris 中。

因此实体中每一种自然或生命的力量都具有一种特殊的“神圣的相似性”②。

这也就是戈特弗里德·威廉·冯·莱布尼兹（Gottfried Wilhelm von Leibniz，1646—1716）的“前定和谐”（preestablished harmony）理论产生的思想背景，即精神及物理事件的绝对的共时性。这种理论在“心身平行论”（psychophysical parallelism）的影响下最终衰退消失。莱布尼兹的“前定和谐”理论及上面提到的叔本华的观点，及最初的原因的统一产生了一种共时性和事件间的相互关系，而这些事件连接不是因果的。这两种理论实际上只是旧时亚里士多德学派的一种重复，在叔本华的理论中带有一种现代的确定性的性质，而莱布尼兹理论中的先行秩序局部地替代了因果关系。对他来说神是秩序的创造者。他将精神与肉体比作两

① “...quod scl. Principatus causae in terra sedeat, non in planetis ipsis.” 出处同上，II，第 642 页。

② “... ut omne genus naturalium vel animalium facultatum in corporibus Dei quondam great similitudinem.” 出处同上。我很感激 Liliane Frey-Rohn 博士和 Marie-Louise von Franz 博士对开普勒的引用。

个同步的时钟①并使用相同的明喻来表达单子或单元彼此之间的关系。

---

① G.W.Leibniz，“物质之间交流系统的第二种解释”（*The Philosophical Words of Leibniz*，G.M.Duncan 翻译，第 90—91 页）：“起初神仅仅依据其特有的法则便创造出了这种自然中的两种物质，接收其存在，尽管如此，它依然与其他物质相一致，就如同存在一种相互的影响，抑或是如同神总是在一般性协作的基础上加以指令。”

如 Pauli 教授指出，莱布尼兹可能是从佛兰德哲学家 Arnold Geulincx（1625—1699）那里得出的同步时钟的观点。在他的《*Metaphysica vera*》，第 III 部分中，有一条“Octava scientia”的批注（第 195 页），写道（第 296 页）：“… horologium voluntatis nostrae quadret cum horologio motus in corpore”（我们思想的时钟与我们肢体运动的时钟具有同步性）。另一条批注（第 297 页）解释道：“Voluntas nostra nullum habet influxum，causalitatem，determinationem aut efficaciam quamcunque in motum…cum cogitations nostras bene excutimus，nullam apud nos invenimus ideam seu notionem determinationis…. Restat igitur Deus solus primus motor et solus motor，quia et ita motum ordinat atque disponit et ita simul voluntati nostrae licet libere moderator，ut eodem temporis momento conspiret et voluntas nostra ad projiciendum v. g. pedes inter ambulandum，et simul ipsa illa pedum projection seu ambulation.”我们的思想不具有影响力，不具有成因或决定性力量，且对我们的行动起不到任何作用……如果我们仔细探究我们的思想，我们会发现我们自身对决定性没有任何概念……因此，只有神是首要的且唯一的原动力，因为他安排并指引了运动且使其能够随我们的意愿自由协调，因此我们的意愿同时驱使我们的双脚向前迈出从而实现行走，与此同时，向前的运动和行走的过程便发生了。一条“Nona scientia”的批注补充道（第 298 页）：“Mens nostra…penitus independens est ab illo（scl. corpore）…omnia quae de corpore scimus jam praevie quasi ante nostrum cognitionem esse in corpore. Ut illa quodam modo nos in corpore legamus，non vero inscribamus，quod Deo proprium est.”（我们的思想……与肉体是完全独立的……在我们的思维之前，我们对肉体的所有认知已存在于肉体之内。所以我们可以如先前一般通过我们的肉体来解读自身，但无法将我们自身铭刻在肉体之上。只有神可以做到这一点。）这种观点预示了莱布尼兹的时钟比喻。

尽管单子无法直接对彼此产生影响，因为在他看来，它们“没有窗户”① (因果关系的相对废除!)，但它们的构成却总是令它们在对彼此没有认知的情况下相互契合。他将每个单子设想成一个“微小的世界”或“活跃且不可分的镜子”。不止人类包含全部的微观世界，世界上，每一个单元或单子都是一个这样的微观世界。每一种“简单的物质”之间都存在着“可以表现其他所有”的关联性。它是“一种永存的宇宙之镜”。② 他将生命有机体的单子称为“精神”：“精神遵循着其自身的法则，肉体也同样遵循自身的法则，它们按照所有物质之间前定和谐的美德达成一致，因为它们都是至一且同一个宇宙的表现。”③ 这清楚地表达了人类是一个微观世界的观点。莱布尼兹说：“一般而言，精神是创造之物组成的宇宙的鲜活的镜子或图像。”他对心念与肉体加以分别，一方面

---

① 《单子论》(Monadology)，§7：“单子没有可以使物质进入或出去的窗户……因此物质及偶有属性都无法进入单子。”

对Bayle的字典中的附注的反驳，摘自Kleinere philosophische Schriften，XI，第105页。

② 《单子论》，§56（Morris版，第12页）：“现在这种所有创造物之间的关联或适应，意味着每一种简单的物质都具有可以表达其他所有的关系，从而形成了一种永存的宇宙之镜。”

③ 同上，§78（第17页）。

心念是“神的图像……能够了解宇宙系统，且能够通过知识体系的模式模仿其中的某些事物，每一种心念都看似是一种在其自身体系内微小的神性”。[①] 另一方面，肉体“根据动因的法则通过移动来起作用”，而精神“根据终极因的法则通过欲望、目标及方法”起作用。[②] 单子或精神是会发生改变的，其原因便是“欲望”。[③] 莱布尼兹说：“转瞬即逝的状态，在整体或单一物质中包含并代表了一种多元形态，仅仅是一种心理感知。”[④] 感知是“代表外部事物的单子的一种内部状态”，且必须与意识的统觉区分开来。“因为感知是一种潜意识。”[⑤] 这里显示出笛卡尔主义者所犯的最大的错误，“他们没有考虑到未被觉察到的感知”。[⑥] 单子感知的能力相当于认识，觉察即是意志，存在于神之中。[⑦]

---

① 《单子论》，§83（第18页）；Throdicy，§147（E.M.Huggard翻译，第215页起）。

② 同上，§79（Morris版，第17页）。

③ 同上，§15（第5页）。

④ 同上，§14（第4页起）。

⑤ 《基于理智的自然与恩典的原则》（*Principles of Nature and of Grace*，*Founded on Reason*），§4（Morris版，第22页）。

⑥ 《单子论》，§14（第5页）。以及Marie-Louise von Franz博士在永恒的灵魂文件上关于笛卡尔的梦的论文。

⑦ 同上，§48（第11页）；神义论，§149。

这些引证可以清楚地表明，除因果联系之外，莱布尼兹假定了一个在单子内部和外部存在的完全前定的事物的心身平行论。因此，在所有内部事件与外部事件同时发生的情况下，共时性原理是绝对的法则。然而，与此相对的，需要铭记在心的是，能够被实际经验证实的共时性现象是如此特别以至于大多数人怀疑它们的存在。在现实中，它们发生的频率要远远高于人们可以想象或证明的程度，但我们仍然无法得知它们在任意经验领域是否如此定期频繁地发生，以至于我们可以称之为遵循法则规律。① 我们只知道必定存在一种潜在的原理或许可以解释所有这种（相关的）现象。

原始社会的，经典的和中世纪的自然观假定了一些与因果关系并存的某种原则。即使在莱布尼兹的理论中，因果关系既不是唯一的观点也不是主要的观点。随后，在 18 世纪，它成为自然科学唯一的原理。随着物理科学在 19 世纪的兴起，对应性理论完全地消亡了，早期时代的魔幻世界也似乎彻底地消失了，直到世纪

---

① 我必须再次强调肉体与精神的关系可以作为一个共时性问题加以理解的可能性。如果这种猜测被加以证实，我现在认定的共时性是一种相对罕见现象的观点则需要被更正。参阅 C.A.Meier 在当代梦想研究问题，第 22 页中的观察。

末，心灵研究领域的创始人们通过对心灵感应现象的研究，间接地再次揭开了整个问题。

我前面描述的中世纪思维态度，引发了所有魔幻和预言现象，这些在自远古时代起的人们生活中起到了重要的作用。中世纪思维认为莱茵的实验室试验是一种魔术表演，基于这个原因，它的效果并没有让人十分惊讶。它被解读为一种“能量的传递”，这在现在看来仍是一个十分普遍的解读，尽管，如我所说，形成传递介质的任何可被验证的概念都是不可能的。

我需要指出，对原始思维来说，共时性是一种不证自明的事实；因此在这个阶段，没有所谓的偶然。没有任何意外、疾病、死亡现象可称为偶然性现象或归因于“自然”原因。任何事物都可以某种方式归因于魔法影响。一个正在洗澡的人被鳄鱼抓住的事件被认为是巫师所为；疾病被认定为是因某种神灵或其他力量所导致；某人母亲坟墓旁出现的蛇被确信是母亲的灵魂，等等。当然，在原始层面上来讲，共时性并不以一种观点的形式出现，而是作为一种“魔幻的”因果关系。这是我们经典因果关系观点的早期形式，然而伟大的中国哲学的发展产生了道，有意义的巧合的概念，且并非基于因果关系的科学。

共时性设定了一种有关人类意识的先验性意义，且很明显存在于人类外部。① 这种假设首先存在于柏拉图的哲学思想中，认为实际事物的先验性图像或模型的存在是理所当然的，εἴδη（形式，种类），其投影（εἴδωλα）我们在现象世界中可见。这种假设不仅未对早期世纪带来任何认识上的困难，相反却不证自明。先验性意义的观点还可见于古代数学中，如数学家雅可比（Jacobi）对席勒（Schiller）的诗歌“阿基米德与他的学生”（Archimedes and His Pupil）的解读。他赞美了天王星轨道的计算并以一句话结尾：

你在宇宙中的所见只是神的荣耀之光；
奥林匹斯山的数字将获得永恒的统治。

① 共时性不仅仅是一种精神物理学现象，也可能在没有人类精神的参与下发生，我需要指出，在这种情况下，我们不应谈论意义，而应谈论对等或一致。

人们推定伟大的数学家高斯（Gauss）说出了“上帝亦使用数学”① 这句话。

共时性观点和形成经典中国思维的自存意义，以及中世纪天真的想法，对我们来说似乎是一种应竭力避开的古老的假设。尽管西方世界已尽一切努力摒弃这种过时的假说，但并没有取得成功。一些特殊的算命方式似乎已经消亡，但星盘学说，在我们现今时代已取得前所未有的显赫地位，且依然十分盛行。一个科学纪元的决定论也无法完全消灭共时性原理的说服力。因为最后，这并非是一个迷信问题，而关乎真理。仅仅由于它对事件的物质层面所起的作用相较于精神层面小得多，从而导致被隐藏了许久。现代心理学和心灵学证实了因果关系并没有解释一类特殊的事件，在这些事件中我们需要考虑一种正式的因素，也就是共时性原理。

对于那些对心理学感兴趣的人，在这里我需要提一下，自存

---

① 但在 1830 年的一封信中，高斯写道：“我们必须谦逊地承认，如果数字仅仅是我们思维的产物，空间在我们的思维之外便存在一个实在。”（Leopold Kronecker，关于数字概念，在他的 Werke 里，III，第 252 页。）Hermann Wdyl 同样也认为数字是逻辑的产物。（“科学作为人类象征性构件，”第 375 页。）另一方面，Markus Fierz 更倾向于柏拉图的观点。（“关于身体知识，”第 434 页。）

意义这种奇特的观点会出现于梦境中。一次，当这种观点在我的圈子中被讨论时，某些人评论道："几何正方形不存在于自然界中而仅存在于水晶之中。"当时在场的一位女士当晚做了这样一个梦：花园中有一个大沙坑，堆积了层层垃圾。在某一层垃圾中，她发现了一些薄薄的绿色蛇纹石板。其中一个带有黑色方形图案，同心排列。这种黑色不是涂抹上去的，而是石头固有的，如同玛瑙上的图案。在其他两三块石板上也发现了相同的图案，随后被 A 先生（一个不太熟的人）从她那里拿走了。① 另一个相同主题的梦如下：做梦者身处一片荒山地带，在那里他发现了连续不断的三叠纪岩石层。他松动着石板，随后令他万分震惊的是，在较低地势处的岩石上发现了人头。这个梦在很长的时间间隔中重复出现了多次。② 还有一次，做梦者正在穿越西伯利亚冻原并发现了他一直在找寻的动物。这是一只比真实尺寸大的公鸡，看起来像由

---

① 根据解梦规则，这名 A 先生代表了一种男性意向，作为一种潜意识的人格化，他将整个图案拿回，因为意识思维不再需要它们了，并将它们仅仅视为造化的恶作剧（lusus naturae）。

② 梦的重现表达了潜意识试图将梦的内容带进意识思维而找回的一种坚持不懈的尝试。

轻薄无色的玻璃制成。但它却是有生命的，并且是偶然地由一种微观的单细胞有机体演变而来，这种有机体具有可演变成任何动物（并非在冻原可找到的其他动物）或者甚至可转变成任何尺寸的人类用具的能力。在下一刻，这些偶然的形态都消失得无影无踪了。这里还有同种类型的另一个梦：做梦者在一片山林地带行走。在一个陡峭的斜坡上她遇见了一个布满蜂巢状的洞的山脊，在那里他发现了一个有着和石块表面氧化铁相同颜色的棕色小人。[①] 这个小人正在忙着挖一个洞穴，在洞穴后面的原生岩石上可以看到一排石柱。每一个石柱的上面都有一个长着大眼睛的深棕色的人头，由某种如褐煤般坚硬的岩石上精心雕刻而出。这个小人从包围在其外部的非晶形砾岩中发掘了这个地层。起初，做梦者无法相信所看到的一切，随后，他不得不承认这些石柱一直延续至原生岩石的深处，且必定不是由人类打造而成的。他回忆起这些岩石至少有五十万年的历史，所以这些艺术形态不可能是由人类打造。[②]

---

① 一种 Anthroparion 或“金属人”。

② 参阅上述引用的开普勒的观点。

这些梦似乎验证了自然界中形式因素的存在。它们不只描述了一个造化的恶作剧，还描述了一种带有人类思想且与之相独立的有意义的巧合。这也就是这些梦想要明显表达的内容①，也是它们试图通过重现而使之更贴近意识的内容。

---

① 那些认为这些梦莫名其妙的人可能会怀疑它们隐藏了一种极其不同的意义，这种意义与它们潜意识更具一致性。人们可以沉溺于梦境的痴心妄想之中，就如同沉溺于其他任何事一样。就我而言，我选择尽可能的贴近梦的内容，并用与其明显的意义相一致的方式明确地表达它。如果证明将这种意义与做梦者的现实生活相联系是不可能的，则我会坦白地承认，我并不理解梦，但我也会尽力不用某些先入为主的理论去解释。

第四章 结 论

我并非将这些陈述看做是任何形式上的针对我的观点的最终证据，而是简单地将其视为基于经验前提的一个结论，以供我的读者进行思考和研究。从我们已获得的资料中，我无法推论出可以充分解释这些事实的其他假设（包括 ESP 试验）。我只是充分意识到共时性是一种高度抽象且“无法被描述”的因素。它将运动物体归因于一种类似空间、时间及因果关系等能够形成其自身行为准则的特殊的精神属性。我们必须完全摒弃精神的存在以某种形式与大脑相关联的观点，而须牢记某些较低级有机体的“有意义的”或“聪明的”行为是没有大脑参与的。于此我们会发现我们自身其实与我前面提到的脱离大脑活动的因素更加密切相关。

如果真是如此，我们需要问问自己精神与肉体的关系是否可以从这个角度加以解读，也就是说，生命有机体中精神和物质过程的相互协作是否可以被理解成一种共时性现象，而非一种因果关系。海林克斯（Geulincx）和莱布尼兹都认为精神和物质的协作是一种神的行为，是某种脱离经验主义本质的原理。另一方面因果关系与自然界生长原则之间的因果关系的假设得出了难以与经验协调一致的结论：要么存在能够引发精神现象的物质过程，要么存在一种将万物组织起来的先在的精神。前者中，我们难以得知化学过程是如何产生精神过程的，后者中，我们会疑惑非物质的精神是如何将物体动起来的。没有必要考虑莱布尼兹的前定和谐理论或与之类似的其他理论，它们需要具备绝对性且能够在普世的对应性和同感中证明自己。共时性原理更像是一种与叔本华的处在同一纬度的时间点的有意义的巧合。共时性原理具有一些可能会有助于解决身心问题的属性。首先无因的秩序，或者说，是有意义的秩序，可以解释身心平行论。作为共时性现象典型特征的“绝对认识”，是一种不被感官所感知的认识，支持了对自存意义的假设，甚至是表达了它的存在。此种存在的形式只可能是先验性的，因为正如未来的认识或空间上相距甚远的事件表明，它包含于一种精神上相对的空间和时间中，即一种无法被描述的空间—时间连续体中。

从这个角度来更透彻地审视某些看起来通常被视为潜意识状态的精神过程的存在，是值得我们花时间来研究的。于此我主要在思考严重的脑部损伤带来的深度昏厥期间产生的值得注意的现象。与所有预期相反，严重的脑损伤并非总是伴随着相应的失去意识。对观察者来说，伤者似乎处于一种冷漠的“精神恍惚”且对所有事物都无意识的状态。然而，从主观上来说，意识是无法被清除的。与外部世界的感知交流在很大程度上受到限制，但并非是被彻底切断，例如，尽管一场战争中的噪声有时可能会突然让位于一种"严肃的"寂静。在这种情境下，有时会存在一种极其特殊且令人印象深刻的悬停的感觉或幻觉，伤者似乎以与其受伤的一刻相同的姿势上升到空中。如果伤者受伤时处于站立状态，他将以站立的姿态上升，如果是躺倒状态，他将以躺倒的姿态上升，如果是坐着的状态，他将以坐着的姿态上升。偶尔他周围的事物似乎会随着他一起上升，例如，受伤的一刻他所身处的整个战壕。悬停的高度可以从 18 英寸至数码。所有的重量感都消失了。在某些案例中，伤者认为他们在挥动手臂做游泳的动作。如果存在对他们周围事物的任何感知，则主要是想象中的，即由记忆图像构成。在悬停阶段，伤者的情绪主要是欢欣愉快的。"'轻快的、严肃的、美好的、平静的、放松的、喜悦的、期待的、兴奋的'等词语常被用来形容这种状态……存在很多种'上升的体验'。"①扬茨（Jantz）和贝林哲（Beringer）正确地指出，伤者可以被一些极小的刺激物从昏厥状态中唤醒，例如，呼唤他们的名字或触碰

① Hubert Jantz 和 Kurt Beringer, "Das Syndrom des Schwebeerlebnisses unmittelbar nach Kopfverletzungen," 202。

他们，极其强烈的冲击却反而没有效果。

同样的情况也可见于由其他原因造成的深度昏迷状态中。在此我举出一个我自身医学经验中的一个例子。有一位女性病人，她的可靠性和诚实性毋庸置疑，她对我说她的首次生产经历是十分困难的。在经历了三十个小时无果的分娩过程后，医生建议实施产钳分娩。这个过程是在轻度麻醉的状态下进行的。她的身体损伤严重且失血过多。当医生、她的母亲和丈夫已离开，且一切都被收拾完毕之后，护士想要去吃点东西，病人看到她转向门并问道："在我去吃饭之前你还有什么需求吗？"她试图回答，却力不从心。她感到她正向下穿透病床陷入一种无边无际的虚空之中。她看到护士跑向床边抓住她的手，试图测量她的脉搏。从护士的手指来回移动的动作来看，病人意识到她的脉搏必定已经微弱到不可察觉。然而她自身却感觉良好，且对护士如此紧张的表现感到些许愉悦。她没有一丝一毫的恐惧感。在很长一段时间里，这是她所记得的最后一件事。接下来她所意识到的事情是，在失去对自己身体和姿势的感知的情况下，她从天花板上某个位置的视角向下俯视，并且看到了她身下房间中所发生的一切：她看到自己躺在床上，脸色惨白，眼睛紧闭。护士站在她旁边。医生在房间中焦躁地来回踱步，眼前的这一幕对她来说就好像医生失去了理智，不知所措。她的亲人们聚集在门口。她的母亲和丈夫来到床前以一种惊恐的神色望着她。她告诉自己，他们认为她将要死去的想法简直愚蠢可笑，因为她当然会苏醒过来。这段时间中她知道她身后是一片壮丽的、类似公园的风景，散发着最明亮的光彩，特别是一片长满矮草的翠绿的草地，沿着斜坡缓缓向上延伸至一处锻铁大门后，并通向公园。当时正值春季，她以前从未见过的小小的鲜艳的花朵点缀在草丛中。整片区域在阳光下闪着光，所有的色彩都呈现了一种无法描述的绚丽夺目。这片斜坡状的草地两侧长着深绿色的树木。整个景象带给她一种森林中空旷静谧且从未被人类足迹践踏过的感觉。“我知道这是通往另一个世界的入口，如果我转身直视这片图景的话，我将被诱惑着走进这个大门，自此便离开我的生活。”她没有真正看到这片景象，因为她是背对着它的，但她知道它就在那里。她感到没有什么能阻止她走进这道门。但她内心深处知道她会转身朝向她的身体并且不会死去。这也是她觉得医生的焦虑和亲人们的悲伤显得有些愚蠢且不合时宜的原因。

接下来发生的便是她从昏迷中醒来，看到护士在床前俯身望向她。她被告知她失去意识持续了约半个小时。第二天，差不多十五个小时之后，当她感到恢复了一些的时候，她向护士描述了在她昏迷期间医生的不合时宜且“歇斯底里”的行为。护士竭力否认这种批评，认为病人当时完全失去了意识以至于对当时的情景一无所知。直到她将昏迷期间发生的事事无巨细地描述出来之后，护士才不得不承认病人完全感知到了现实中发生的事情。

人们可能会推测这只是一种精神上的朦胧状态，意识中分离的一部分还在发挥着作用。然而，病人从未处于歇斯底里的状态，且真实出现了心脏衰竭的症状并伴随着由脑贫血引起的昏厥，正如所有外在的警示症状显示的一样。她确实处于昏迷状态且理应处于一种精神上的完全昏厥状态，并且完全失去清晰观察和正确判断的能力。值得注意的是，这并非是一种通过间接或无意识的观察而对当时情境的即刻感知，而是她在上空看到了整个情境，就如同她所说的“她的双眼处于天花板上”。

想要解释在严重的创伤下，这种异常强烈的精神过程是如何发生且被记住的，以及病人是如何在闭眼的情况下目睹现实中发生的具体细节，确实并非易事。人们通常会认为如此明显的脑贫血会抑制或阻碍这种高度复杂的精神过程的发生。

奥克兰·格迪斯爵士（Sir Auckland Geddes）于 1927 年 2 月 26 日在皇家医学会中提出了一个相似的案例，尽管 ESP 试验在这方面进展得更为深远。病人在神志不清的状态下察觉到意识的一部分正从其身体意识中分离，后者逐步将自身分解至其各个器官中。其他的意识具有可被证实的 ESP。①

人们普遍确信，在昏迷状态下，意识活动和感官直觉都将停止，而这些案例似乎显示了在昏迷状态中，意识、可重现的意象、判断行为以及感知是可以继续存在的。随之出现的悬停感、视角的改变、听觉及共感的消失，表明了一种意识定位的转变，是某种从身体或被推测为意识现象产生之地的大脑皮层或大脑分离的现象。如果我们的这种假设是正确的，则我们需要自问，在我们体内是否存在除大脑以外的其他某种神经基质，可以进行思考、感知，或者在意识缺失期间我们体内进行的精神过程是否为共时性现象，即与器官作用没有因果联系的事件。鉴于 ESP 的存在，即独立于空间与时间的，无法被解释为生物基质过程的感知，最后这种可能性无法被驳回。在感官直觉不存在的情况下，这只可能是一种共时性问题。在原则上时空条件下的感知和统觉存在时，只有意识活动或皮质功能是可以被抑制的，并且，如我们的案例所示，发生了类似感知和判断等意识现象。在这种情况下神经基质问题应该被考虑进来。意识过程与大脑紧密相连以及低级中枢

① 参阅 G.N.M.Tyrrell 在 *The Personality of Man* 上的报告，第 197 页起。与此类似的另一个案例出现在第 199 页起。

仅包含无意识的反射链的论断几乎是不争的事实。这在交感神经系统中表现得尤为明显。因此，仅有双链神经节而无脑脊髓神经系统的昆虫，被认为采取的是自动反射。

这种观点近来受到来自格拉茨大学的冯·弗里施（Von Frisch）关于蜜蜂生活的研究的挑战。人们发现，蜜蜂通过一种特殊的舞蹈动作来告知同伴们发现了觅食之地，同时还指明其方向和距离，从而可以使蜂群中的新手们直接向其飞去。① 这种信息原则上与人类传递的信息并无二致。后者的案例中我们可以肯定地认为此种行为是一种特意的意识行动且很难想象人们如何从自然规律的角度证实其为无意识行为。在必要时，基于精神疾病案例的基础，我们承认，在特殊情况下客观的信息可以在一种朦胧的状态下进行传递，但也明确地否认了这种传递通常为无意识的。尽管如此，认为在蜂群中这个过程是一种无意识行为，这种可能性也是存在的。但这对解决问题并无帮助，因为我们依然面对着这样一个事实，即神经节系统很显然能够与我们的大脑皮层产生完全相同的反应。同样也没有任何证据能够证明蜜蜂是无意识的。

---

① 卡尔·冯·弗里施（Karl von Frisch），*The Dancing Bees*，Dora Ilse 翻译，第 112 页起。

因此，我们可以得出这样一个结论，即一种神经基质，如在起源与功能方面与脑脊髓系统完全不同的交感神经系统，显然可以如后者一般毫不费力地产生出思维和感知。那么我们该如何思考脊椎动物中的交感神经系统呢？它是否也可以产生或传输精神过程？冯·弗里施的观察证明了超大脑的思维和感知的存在。如果我们想要对无意识昏迷状态中的某种形式的意识的存在进行解释，那我们则必须将这种可能性牢记于心。在昏迷期间，交感神经系统并没有就此瘫痪，并且可以认为其是精神功能的潜在载体。如果是这样的话，那么人们需要提出疑问，睡眠中正常的无意识状态，以及其所包含的潜在的显意识的梦境，是否可以被认为是相同的——换句话说，梦境是否并非很大程度上由睡眠皮质活动而产生，而是由非睡眠交感神经系统产生，所以梦是否是超大脑的。

在我们目前尚无法理解的心身平行论的以外领域，共时性并非一种其规律性可以得到简单证明的现象。事物的不协调性给人们留下的印象与事物的偶然协调性带给人们的惊讶是相同的。与前定和谐理论相比，共时性因素仅仅保证了一种被认为是除公认的空间、时间及因果关系之外第四种理智上必需的原理的存在。这些因素是必要的但并非绝对的——大部分精神内容是非空间、时间的，因果关系中的时空在心灵层面也是相对的。并且同样的，共时性因素的有效性也是受条件限制的。因果关系几乎统领了宏观物理学世界的整个领域，且其普遍性规律仅在某些低数量级现象中受阻，共时性似乎是一种主要与心灵状态相联系的现象，即与潜意识过程相联系的现象。从实验性角度来讲，共时性现象的某种程度的规律和频率发生在直觉与“魔法”中。在这个过程中它们在主观上具有说服力，但极难在客观上加以证明，且无法从统计学角度进行评估（至少到目前为止）。

从有机层面来讲，生物形态发育基于共时性因素的可能性是存在的。A.M.达尔奎（A.M.Dalcq）教授（布鲁塞尔）认为，抛开其与物体之间的联系不谈，形式是一种“相比生命有机体较高级的连贯的整体”。詹姆斯·金斯（James Jeans）爵士对我们已知的包括共时性在内的偶然性事件的放射性衰变进行了测算。他表示：“放射性分裂看起来是一种无原因的效应，并揭示了自然的终极规律并非基于因果关系。”这种由一位物理学者提出的极端矛盾的公式，是一种典型的放射性衰变问题带来的智力困境。这种也可被称为“半衰期”的现象，显现的是一种非因果关系法则的实例。这种现象包括共时性，对其我将继续讨论。

共时性并非一个哲学观点，而是一种对理智性原理做出假定的经验主义概念。这种概念既非唯物主义也非形而上学。严肃的研究者均无法断言，存在的本质以及精神的本质已被人们所掌握。如果最新的科学结论越来越接近存在的一元化观点，一方面以空间和时间为特征，另一方面以因果关系和共时性为特征。更确切地说，它似乎显示了可以摆脱被观察者和观察者之间区别的可能性。在那种情况下，结果将是一种需要以一种曾被 W. 保利（W. Pauli）称为“中性语言”的全新的语言来表达的存在的统一。

共时性因素将成为继空间、时间及因果关系这三大因素之后，经典物理学中第四大因素，这个四位一体的组合使完整判断成为可能：

空间

因果关系 + 共时性

时间

在这里，共时性原理之于其他三个原理，如同时间一维性[①]之于空间三维性，抑或是如同蒂迈欧篇（Timaeus）中反抗的“第

① “La Morphogénèse dans la cadre de la biologie générale.” 参阅上文，动物学家 A. C. Hardy 提出的相似的结论。《物理学与哲学》（*Physics and Philosophy*），第 127 页；参阅第 151 页。我没有将 P.A.M.Dirac 的时间的多维性包括在内。

四”，它在柏拉图看来仅可“通过暴力”才能将其加入其他三个之中。① 正如时间的引入作为现代物理学中的第四维度假定了一幅无法被描述的时空连续体，共时性观点及其意义的固有性质创造了一种无法被描述以至于令人完全困惑的世界蓝图。② 然而，引入这个概念的好处在于，它令一种我们对自然的描述和认识中包含了类心灵因素的观点成为可能，即，一种先验的意义或“等价物”。如一根红线般贯穿了一千五百年来炼金术士的思辨的问题，如此不断重复并得到了自我解决，即所谓的犹太女人玛利亚公理（axiom of Maria the Jewess）（或科普特）：“三个之外新加入的便为第四。”③ 这种神秘的观察证实了我前面所说的，即原则上新的观点并不总是在已知领域中，而是出现于可能因其恶名而被忽视的不同寻常的地方。炼金术士古老的梦想、化学元素的转化，这种被嘲讽的观点，已成为我们当下的现实。而同样受到各种嘲讽的炼金术象征，则成为潜意识心理学领域里面名副其实的金矿。而

---

① 参阅我的“三位一体教义的心理学方法”，第186部分起，280部分，290部分。

② 詹姆斯·金斯爵士（《物理学与哲学》，第215页）认为“这种潜意识事件包括我们自身的思想活动，所以事件未来的进程在某种程度上取决于这些思想活动”。这种论证的因果关系在我看来并非完全站得住脚。

③ 参阅《心理学与炼金术》（*Psychology and Alchemy*），第26段。

由作为蒂迈欧篇的场景进而延伸至《浮士德》第二部分中卡皮里（Cabiri）的场景的故事引发的三还是四的困境，一名16世纪的炼金术士格哈德·多恩（Gerhard Dorn）也意识到，他认为这是基督教“三位一体”和四角巨蛇恶魔之间的抉择。如同对事情的预料，他诅咒通常深受炼金术士推崇的异教徒“四位一体”，以其由二体（数字2）而来，因此是物质的、阴性的、邪恶的事物。① 冯·弗里施博士已展示了Treviso的Bernard的《寓言》(*Parable*)、Khunrath的《Amphitheatrum》、Michael Maier以及匿名作者的《Aquarium sapientum》② 中的这种三位一体思想的出现。W. 保利将关注点引向开普勒和罗伯特·弗拉德（Robert Fludd）的著述引发的论战，弗拉德的对应性理论处于下风，于是不得不让位于开普勒的三原则理论。③ 支持三位一体的这个抉择，在某些方面与炼金术的传统背道而驰，随后便出现了一个对对应性一无所知且热切坚持世界的三合一观点的科学时代，这种三合一观点是三位一体式思想的延续，用空间、时间和因果关系描绘并阐释了一切。

---

① Theatrum chemicum 中的“De tenebris contra naturam”，I（1602），第518页起。

② Marie-Louise von Franz,“Die Parabel von der Fontina des Grafen von Tarvis”.

③ 参见保利在 *Interpretation of Nature and the Psyche* 上的文章。

放射性的发现所带来的革命在很大程度上改变了物理学的经典理论。观点的变化如此之大以至于我们需要修正我上述提到的经典图形。多亏了保利教授对我的工作表现出的友好的兴趣，我才得以与一名理解我的心理学论述的专业的物理学家探讨这些原理性问题。这使我处在一个可以提出一种涉及现代物理学观点的位置。保利提出用能量（守恒）和时空连续体来替换经典图形中的空间和时间的对立。这个提议让我对因果关系和共时性这对对立体有了一个更为严谨的分辨，试图建立这两个多相概念之间的某种联系。最终我们在如下这个四位一体的图形中达成了共识：

不可毁灭的能量

效果带来的固定的联系（因果关系）+偶然性、等价物或“意义”（共时性）带来的非固定联系

时空连续体

这个图形一方面满足了现代物理学的假定，另一方面满足了心理学的假定。心理学的观点仍需要阐明。对共时性的一种因果关系解释因上述提到的理由似乎显得毫无可能。本质上来讲，它

包含了“机会”等价物。它们的“第三者标准”（tertium comparationis）属于我称为原型的类心灵因素。它们具有不确定性，也就是说，它们仅可大约被了解和决定。尽管与因果关系过程相关联，或由因果关系过程来承载，但它们不断超越其参照系，形成一种我称之为“越界”的侵犯行为，因为这些原型并非仅可在精神领域中被发现，同样也可在非精神的环境中发生（心灵过程之外部物理过程）。原型等价物对因果关系来说具有偶然性，也就是说，在它们与因果关系过程之间不存在遵循规律的联系。因此，它们似乎代表了一种随机性或偶然性或“随机状态”的特殊事件，这种“随机状态”如安德里亚斯·施派泽（Andreas Speiser）所说[①]，“以一种完全遵循规律的方式贯穿于时间之中”。这是一种“不受机械论法则掌控的”初始状态，但却是法则的先决条件，且是这种法则的基础。如果我们将共时性或原型认为是偶然事件，则后者呈现了具有世界构成因素的功能性意义。原型代表了一种心灵或然性，以“类型”（types）的方式描绘了普通的本能事件。总体上来讲，这是一种特别的或然性心灵实例，“由偶然性法则组成，

① Über die Freiheit，4f。

且如力学法则一般为自然制定了规则”。[1] 我们需要与施派泽在如下观点上达成一致，即尽管在纯粹的智力领域偶然性事件是一种“无形的实体”，它却将自身以一种图像或一种不止作为精神等价物的基础同时还作为心理物理等价物基础的类型，呈现于内在感知可以掌握的心灵内省中。

将概念化的语言从其因果关系影响中去除并非易事。因此，“潜在性”这个词汇，尽管具有因果关系内涵，却并不涉及任何因果关系事项，而只是简单地涉及一种特质，一种被称为“正是如此”的不可还原的偶然性。一般来讲，彼此之间没有因果关系的一种精神及物质状态的有意义的巧合或等价物，指的是一种无原因的形态，一种“无因的秩序”。我们对关于精神及物质过程等价物的共时性的定义是否能够得以扩展，或者说需要扩展，这一问题已经出现。当我们考虑上述问题，以及共时性作为一种“无因的秩序”的更宽泛的概念时，这种需求似乎将其自身强加于我们。在这个范畴中，产生了所有“创造性行为”，以及诸如自然数的特质、现代物理学的不连续性等先验性因素。因此，我们需要在我们已扩展的范围内将恒定的及实验性可重现的现象包

---

① 出处同147页注，第6页。

括在内，尽管这看起来似乎与包含在狭隘理解范围内的共时性现象的本质不一致。后者大部分都是无法进行实验性重复的独立个案。当然，如莱茵的实验及大量具有深刻洞察力的个人经验所示，这并非是完全正确的。这些事实证明了，即使在不具备一般共同特征且可算作“奇事”的独立个案中，也存在一些规律，并因此存在一些恒定的因素。据此，我得出结论，我们对共时性狭隘的概念也许过于狭隘以至于切实需要扩展。事实上，我更倾向于这种观点，即共时性从狭义上来讲只是一种一般意义上无因的秩序的特殊的实例，也就是观察者可以幸运地认识到心灵及物质过程的第三标准。但是一旦他认识到原型背景，他便想要去追溯心灵及物理过程的相互同化到某种原型的（因果关系）效果，并因此忽视它们仅仅是偶然性事件。如果人们将共时性认为是一种一般意义上无因的秩序的特殊的实例，则这种危险便可避免。通过这种方式，我们还可以避免增加不合理的解释性原理，因为原型是先验性心灵秩序的内省的可辨认的形式。如果现在有一种外部的共时性过程将自己与它产生联系，则它将陷入相同的基本模式中，换句话说，它将同样“被秩序”。这种秩序的形式与自然数的性质或是物理学的不连续性的秩序不同，后者永恒存在且有规律地出现，然而精神秩序的形式则是适时的创造性行为。这也偶然地成为我强调时间元素作为这些现象的特征且将它们称为共时性的原因。

不连续性在当今的发现（例如能量量子秩序、镭的衰变秩序等）终结了因果关系的统治地位，也因此终结了三位一体原则。后者失去的地盘在早期归属于对应性及同感领域，在莱布尼兹的前定和谐理论中得到最深远的发展。叔本华对对应性的经验基础知之甚少，以至于无法意识到他以因果关系尝试做出的解释是如此的无望。如今，多亏了超感官直觉（ESP 试验），我们得以拥有大量的经验为我们所用。当我们通过研究 G. E. 哈钦森（G. E. Hutchinson）[①]得知由 S. G. 索尔（S. G. Soal）及 K. M. 戈德尼（K. M. Goldney）实施的 ESP 试验的或然性为 1 : 10，相当于 250000 吨水含有的分子数，我们便可以形成某些关于其可靠性的概念。在自然科学领域只有少数实验结果可以接近如此高的确定性。关于 ESP 的夸张的怀疑论事实上毫无正当性可言。主要原因仅仅源于一种无知，这种无知在当今很不幸地似乎成为了专门化的必然的伴随物，并以一种最不可取的方式阻隔了专家们从更高和更宽的视角进行研究的视野。

① S.G.Soal，《科学与心灵感应》（*Science and Telepathy*），第 6 页。

共时性并不比物理学更具困惑性或神秘性。其实是对因果关系的信仰造成了理解共时性的困难并使共时性显得不可想象，非因果的事件不存在或从不会发生。但如果它们确实存在，则我们必须将其视为“创造性行为”，以及一种存在于无始以来、偶然实现自我重复且并非由已知的前例中推导出的连续性创造。当然，我们必须警惕，认为每一个起因不明的事件都是“无因的”。如我已强调的那样，只有当原因不可思量时，这种想法才是可被接受的。但可思考性就其自身来讲是一种需要接受最严厉批判的观点。如果原子[①]符合其最初的哲学概念，它的可裂变性则是不可想象的。但是一旦它被证明为一种可测的量，它的非可裂变性就变得不可想象。有意义的巧合作为纯粹的偶然是可想象的。但当它们不停增多且对应性变得越来越强大且精确时，它们的可能性便容易降低，它们的不可思考性容易增加，直到它们不再被认为是纯粹的偶然。但在缺乏因果关系解释的情况下，它们不得不被认为是有意义的安排。然而，如我所说，它们的“无法解释性”并不在于其起因为未知的这个事实，而是在于其起因用理智是不可思考的这一事实。当空间和时间失去了它们的意义或相对化，就会

① 从中，“不可分之物，无法被切割”。——翻译

有这样的情况出现，因为在这种环境下以空间和时间的连续性为先决条件的因果关系已不存在。

鉴于这些原因，我似乎有必要与空间、时间及因果关系一道，引入一个新的范畴，不仅可以使我们将共时性现象看做是一个特殊的自然事件种类来理解，还可以将偶然性事件一方面视为存在于无始以来的普遍性因素，一方面视为发生于时间中的无数单独的创造行为的总和。

论共时性

在我开始阐述这个概念前，我想最好应该先讲讲这个概念的定义是什么。但是，我却想用另外的方式来开始。首先，我给你们简述一些共时性概念所涉及的一些事实。正如词源学所示，这个词汇与时间有关，说得更确切些，与同步性有关。如果不用同步性这个词，我们也可以称之为几件事情的“有意义的巧合”，而绝不只是概率的问题。有些事情从统计上，也就是在可能性上会重复出现，比如医院里的“相同病例”，就属于偶然事件。这种偶然组合由一个个事件组成，且都有一定的概率性和合理性。打个比方，有人偶然看了一眼有轨电车票上的数字。回到家他接了一个电话，谈话中刚好提到同一个数字。晚间，他买了一张电影票，上面刚巧又有那个数字。这三次事件就形成了一个偶然组合，虽然并不经常出现，但从每一件事情出现的频率来看，仍属于概率范畴。在我自身的经历中大致有六次这样的偶然组合：

1949 年 4 月 1 日清晨，我在记录一篇铭文，其中包含一个半人半鱼的图像。当天午餐吃的就是鱼。有人谈起愚人节“上钩的鱼”这个习语。下午，一位数月未见的病人，给我看了一幅图，我印象极深，上面画了一条鱼。晚上，我又见到有海怪和鱼图案的绣品。第二天早上，我见了一位老病人，她有十年没跟我见面了。她告诉我，就在头晚，她梦见了一条大鱼。数月后，我把这一系列鱼的事情写进一本大的作品里，写完后我信步走到屋前的湖边一处地方，那天早上我已经去过那处地方好几次了，而这次一条一尺多长的鱼横躺在湖边。我身边也没有其他人，我真不知道这鱼是怎么到那儿的。

当这样的巧合累积得越来越多，你不可能不有所触动——一连串的巧合出现的次数更多，其表现形式更诡异，令人难以置信。由于我在别处已讲过，今天不做讨论，我相信这是偶然组合。但是，必须承认，偶然组合确实很难让人相信这只是个重复性事件。

在上面提到的电车票数字的例子中，我说这位观察者“偶然”留意到那个数字并且记住了那个数字，而平常他根本不会这么去做。这就形成了这一串偶然事件的基础，但是我不知道是什么让他留意到那个数字。我认为，要判断这些系列偶然事件，需要考虑不确定性这个因素并加以留意。我在一些其他的案例上观察到类似的情况，但是却没有得出任何靠得住的结论。有时候难免会觉得，有些将要发生的事件是能被预知的。你很难抗拒这种感觉，因为有时候你会经常碰到。比如你觉得在街上会碰到一位老友，但令人失望的是，所碰见的只是一个陌生人。但在下一个路口转弯的时候，你就真的碰到了这个人。这样的情况在人们的意想之内，而且相当常见，但是除了在一刹那的惊讶后，旋即就遗忘了。

诚然，预知事件之细节越清晰，人们就越确定有预知感这回事，而且也越难以相信这是偶然事件。我记得一位学生朋友讲的一个故事。他父亲答应他，如果他的期末考试成绩理想的话，就会带他去西班牙旅行。我的这位朋友随后就梦见自己去了西班牙，在西班牙的一个城里闲庭信步。他梦见自己沿着一条街道走，走到一个广场，广场上有一座哥特式教堂。行至一个街角向右拐，拐进另外一条街，看见两匹奶白色的马拉着一辆车。然后他就醒了。我们围坐在一起喝啤酒时他给我们讲的这个梦。没多久，他考试考得不错，真的去了西班牙，在当地的一条街上，他认出这就是他梦中的城市。他看到了和梦里几乎完全一样的那个广场和那座教堂。他本想直走到教堂，但是他突然记起在梦里他是在那个街角向右拐，走进另一条街的。他颇为好奇他的梦是不是会进一步被证实。几乎就刚刚拐过那个街角，他就真的看见了两匹奶白色的马拉着一辆车。

我发现许多时候，这种“似曾相识”的感觉都是基于梦里的预知，但我们也见过一些预知会出现在我们醒着的时候。如果是这种情况，就让人很难相信这只是纯属巧合，因为我们提前预知了这个巧合。这不但在心理或主观上，而且在客观上，都失去了巧合性。充满着无限偶然的事件的细节越多，作为决定因素的偶然性就越让人觉得不可思议。对于精确地预知死亡，Dariex 和 Flammarion 计算出的概率在 1/4000000 到 1/8000000 之间。因此在这种情况下谈论“偶然”的发生是不合适的。这其实是有意义的巧合的问题。通常，这些偶然可以被预知或预言所解释。人们也会谈论先知或心灵感应等，却不能解释这些超能力是由什么构成的或他们使用的是什么传输手段，能让我们感知那些在遥远时间和空间的事件。然而，所有这些概念都只不过是一个名字；它们不能被称为科学概念，不能被阐述为科学原理，因为还没有人可以成功地将这些由有意义的巧合组成的元素通过因果关系连接起来。

J.B.莱茵教授在这方面做出了杰出贡献，他通过超感官直觉（也称为 ESP）实验为这些现象的广阔领域创建了一个可靠的基本原理。他将一副 25 张的牌，分成 5 组，每组 5 张，每张都有特别的标记（星号、方形、圆形、十字、波浪线）。实验如下：在每组的实验里，这副牌会被排列 800 次，在此情况下，受试者完全看不到牌。随之，他们被要求猜测翻过来的牌。猜测正确的概率是1/5。大量的数据结果显示，平均命中率为 6. 5。1. 5 的偶然偏差的概率仅为 1/250000 之间；有些人的命中率是普通命中率的两倍以上；另外，25 张牌全被正确无误地猜测出来的概率只有 1/298023223876953125。实验者与受试者的空间距离，无论是几码远，还是相隔 4000 英里，丝毫不影响结果。

第二种实验仍是要求受试者猜牌，但却要等长短不同的一段时间后才翻牌，时间由几分钟至两星期不等。实验结果显示，猜对的概率为 1/400000。

第三种实验则要求受试者要在机械投骰子时心里期盼某组数字，以期影响结果。这种所谓心灵致动的实验显示，同段时间内骰子用得越多，结果也就越发明显。

空间实验的结果大致证明了，在某种程度上，心灵可以消除空间的因素。时间实验则证明了，时间的因素（至少在未来此种次元内是如此）可以在心理上变得有相对性。投骰子的实验则证明，运动中的物体也可以受心理所影响，即有些结果可以在时间和空间的相对心理作用下被预测出来。

能量假设在莱茵的实验中显示出来是不适用的，因而，任何有关力量传递的想法也要一并排除。同样，因果律也不能保留，而我在 30 年前就指出了这一事实。因为我们不能想象未来的事件如何导致当前的事件发生。既然任何的因果关系都暂时不能解释，我们权且假设非因果性的、非概率性的偶然事件——也就是有意义的巧合——必须被纳入考虑。

在考虑这些引人关注的结果时，我们应该考虑莱茵所发现的一个事实，即在每个系列的实验里，第一次的猜测结果总比后来的猜测要准。命中率下降与受试者心情大有关联。刚开始时，心境虔诚乐观，命中率高。怀疑与抗拒却招来反效果，即制造了一种不利的气场。既然对这些实验采取能量的——亦即因果的解释已行不通，因此情感因素就有其意义，在特定条件下，是情感使得那些现象发生，虽然不一定需要这么做。依据莱茵的实验成果，我们可以期望获得 6. 5 的命中率，而不只是 5。可是我们却不能事先预测，这样的命中率何时会出现。如果可以预测命中率何时出现的话，那我们就可以处理一种规律，然而这就与整个现象的本质产生悖论。如前文所述，这种规律具有“幸运命中”或不止是概率产生的偶然事件的非几率性，而且是一种依赖于情感的某种状态的规律。

这种观察已被证实了，这意味着塑造机械唯物论者世界蓝图的法则，会被心理因素修改甚或摒弃，而这样的心理因素与受试者的心境有密切关联。虽然超感官直觉（ESP）与心灵致动（PK）实验的现象论，如按上述的方式进一步实验的话，会在相当程度上得到发展，但是对其深入的研究必将涉及情感的本质。因此，我将注意力转移到其他那些，可以说在我长年的医疗执业生涯中一直相伴左右的观察与经验上去。这些观察和经验都是自发的、与有意义的巧合相关的，且由于其非几率性之高，以至于几乎令人完全不可思议。我只想举一个例子来描述这些现象的整个范畴。你可以拒绝相信这种特例，也可以对它另做解释，这都没关系。我可以告诉你一大堆类似的故事，这些并不比莱茵所获得的确凿的实验结果更令人吃惊或不可思议，而且你很快就会知道，几乎所有的例子都需要有自己的解释。然而，从自然科学观点看来，唯一可能的因果解释，已因时间和空间的心理相对化，而瓦解了。

而时空正是因果关系不可或缺的前提。

我举的例子，有关一位年轻的女病人。她做事周全，却总是无法在心理上达到完美。问题出在她对诸事都懂得太多了。她所受之良好教育成为她的理想武器，以完成一种极度纯净的笛卡儿式唯理主义，对于现实有着近乎严苛的“完美几何学”的要求。我曾数度尝试以偏人性化的理智来减轻她的唯理主义，无果，我不得不寄希望于某些不可预期的、非理性的事情出现，以此对她封闭的自我进行理智上的反驳。某天，我坐在她的对面，背靠窗户，聆听她滔滔不绝的且用词华丽的诉说。头一晚，她做了一个梦，印象极为深刻，梦中有人赠她一只价格不菲的金甲虫形状的首饰。当她正对我诉说其梦时，我听到背后有轻拍窗户的声音，我转过身，发现窗外有只大大的昆虫正飞撞窗根，试图进入这暗暗的房间。我深感奇异，立即打开窗户，在它飞进来之际从空中抓住了它。是一只金龟子甲壳虫，或说是普通的玫瑰金龟子，它那种金绿的颜色像极了金色甲虫。我将它交给我的病人并告诉她：“这就是你的金甲虫。”这一体验洞穿了她的唯理主义，打破了她的理智对抗。如今治疗可持续下去，且成效显著。

这个故事只是无数有意义的巧合中的一个范例，除了我外，还有很多人都已见过，而且记载于磅礴的典籍中。它们包罗万象，有千里眼，有心灵感应，等等，从史威登堡灵视到后经完全证实的斯德哥尔摩大火，到最近一个报道，有关空军中将 Victor Goddard 爵士所述及的一位佚名军官的梦，梦中预测了后来发生的 Goddard 座机的意外事件等。

以上所述之所有现象，可分为以下三类：

（一）观察者的心境与同时发生的、客观的外在事件（如金甲虫）发生巧合，这些外在事件反映了观察者的心境或内容。没有证据能证明两者是有因果关系的，而如果从心理使时空相对化的观点来考虑，此种因果关联甚至是不能理解的。

（二）心境与相符应的外在事件（多少是同时发生的）发生巧合，而此巧合的外在事件在观察者感知的领域之外发生，比如说隔着一段距离，而且只能在事后验证（如斯德哥尔摩大火）。

（三）心境与虽相符应、但却尚未存在的未来事件相互巧合，这种事件隔着一段时间的距离，而且同样也只能在事后验证。

第（二）和第（三）个类别中的巧合事件，尚未呈现在观察者知觉的范围内，但却被准确地预期到了，但是只能在后来得到验证。据此，我称之为“共时性的”（synchronistic），这个词语不要和“同步的”（synchronous）相混淆。

我们对这一经验之广大领域的调查，如果不将所谓占卜法纳入考虑的话，将是不完整的。占卜术如果没有实际产生共时性的事件，至少也可以服务于其结果。在《易经》中有甲骨占卜的例子，对此，Hellmut Wilhelm 博士已有详述。《易经》预先假定了，问卦人的心态以及解卦的卦象间，有种共时性的符应。打卦，或用任意分开的 49 根蓍草茎，或任意投掷 3 枚铜钱。如此占卜的结果无疑地非常有趣，但据我所知，此种方法不能为这些事实的客观决定提供任何工具，也就是一个统计学的评估，因为问卦人的心境起伏变迁，不可名状。

在这个案例中发生的情况，不可否认，确有奇特性，显然是一种特殊的有意义的巧合的情况。如果有人因这些事例而备受打动，或可称之为微小的奇迹。然而今天，我们被要求用稍微不同的眼光来观察这些奇迹。莱茵的实验显示，当非因果的现象，或称为奇迹。时空以及因果性是可以摒弃的因素。这类的自然现象都是独特的，是充满神奇的巧合组合，它们组合在一起就形成了一个明确无误的整体。虽然有意义的巧合在它们的现象学中是无限多样的，但非因果事件却是形成这个世界科学蓝图的一部分。因果关系可以用来解释两个连续发生的事件间的关联。共时性指出了在心灵与心理物理事件间在时间与意义上都有平行的关系，科学知识至今还不能将其归结为一项共通的法则。共时性这个词语解释不了什么，它只可以用来阐释有意义的巧合的发生，就自身而言，此种巧合的发生可说是偶然的，但它既然如此不可能，我们最好设想它是立足于某种法则，或是基于现实世界的某种特性之上。然而在平行的事件间，却发觉不到相互作用的因果联系的痕迹，这正是它们之所以具有偶然性的原因所在。在它们之间唯一可以确定，也唯一可以展示出来的关联，正是一种共同的意义。古老的符应观即建立在这种连接的经验之上，这种理论在莱希尼兹提出“前定的和谐”时达到顶峰，随后暂告一段落，被因果律所替代。共时性可说是从符应、感应与和谐等荒废的概念中，脱胎而成的现代词语。它并非奠基于哲学的假定之上，而是基于根据现实存在的经验和实验。

共时性的现象证明了有意义的平行事件同时发生在多种多样的非因果连接的过程中。换言之，它证实了观者所觉知到的内容，同时可由外在的事件展现出来，而彼此之间并无因果的关联。由此可知，要么是心灵不能在空间上定位，要么是空间对心灵来说是相对的。同样适用于心灵决定时间，心灵使时间相对化。我不必强调，这些发现的验证必将产生深远的影响。

在这个简短的演讲里，我很遗憾只能对共时性这个广大的话题做一个非常粗略的描述。对那些有意对这个问题进行深入了解的朋友，我在此可以告诉你们，我即将出版一本题为《共时性：一种非因果关系的原则》的书，对这个问题进行更广泛的阐述。同时一起出版的还有包利教授的专著《自然与心灵的解读》。